单爪龙

单爪龙前臂短小，但短而有力，而且前臂仅长有一只爪子，与鸟类有亲缘关系，行动敏捷，可以快速奔跑。单爪龙羽毛颜色非常鲜艳。

未读 ADR | 探索家

UNREAD

150 YEARS
AMERICAN MUSEUM OF NATURAL HISTORY

美国自然历史博物馆
终极恐龙大百科

官方出品

AMERICAN MUSEUM OF NATURAL HISTORY

[美] 马克·A.诺雷尔 著 李凤阳 黎茵 译

THE
WORLD OF
DINOSAURS
DR MARK A. NORELL

海峡出版发行集团 海峡书局
THE STRAITS PUBLISHING & DISTRIBUTING GROUP

目录

美国自然历史博物馆

美国自然历史博物馆（American Museum of Natural History，简称AMNH）创建于1869年，是全球最负盛名的科学、教育和文化机构之一。本馆有45个常设展厅，包括设在罗斯地球和太空中心、海登天文馆的展厅，以及举办临时展览的展廊。西奥多·罗斯福纪念堂就坐落在本馆内，西奥多·罗斯福是纽约州第33任州长和美国第26任总统，修建这座纪念堂是为了向他在自然资源保护领域留下的经久不衰的遗产致敬。美国自然历史博物馆现设有5个研究部，3个交叉学科中心，为大约200名科学家提供支持。这些科学家的工作有赖于这里保存的全球一流的永久藏品，包括逾3400万件标本和器物，另外还有冷冻组织、基因组和天体物理数据等专门收藏，这里的自然史藏品库也足以跻身全球最大之列。本馆还设有理查德·吉尔德研究生院（Richard Gilder Graduate School），因而成为全美唯一一家有权授予博士学位的博物馆。从2015年起，理查德·吉尔德研究生院又另设了一个独立项目，开始授予教学文学硕士（MAT）学位。每年约有500万人次入馆参观，本馆在世界各地举办的展览和太空秀（Space Shows）吸引了数以百万计的观众。此外，本馆的网站、移动应用、慕课（大规模在线公开课）已经将科学研究和收藏、展览和教育项目带到全球更多观众面前。

序　言

在我们的文化当中，恐龙占据着非常特殊的位置，很多激动人心的重大科学发现因它而起，各个年龄段的普罗大众对它都充满兴趣。美国自然历史博物馆就是这一事实的绝佳见证。该博物馆位于纽约，每年接待超过 500 万名游客，本书作者、著名恐龙古生物学家马克·诺雷尔博士就供职于此。按照马克的说法，在很多人的口中，这座博物馆已经被直白地称为"恐龙博物馆"了。

为什么人们这么喜欢恐龙呢？这可能是包括我在内的古生物学家们最常被问到的问题。不管是在什么场合，新闻发布会也好，教育研讨会也罢，甚至是大家庭节日聚会、鸡尾酒会上，这个问题几乎一定会出现。在本书的前言中，马克非常大胆地给出了一个答案：这些令人惊叹不已的生物，不但能激发我们的灵感，还常常挑战我们的想象力。它们往往硕大无朋，在很多方面都突破了我们日常生活经验中对极限的认知。它们那些已经成为化石的遗骸告诉我们，远古世界虽然与我们现在生存的世界迥异，但同样真实，绝非无中生有。

那么就我们现在所知，那个"同样真实"的世界是什么样的？在恐龙研究领域有多少爆炸性新闻？本书可以告诉你，有很多。其中之一就是，现在人们确信，鸟类就是活着的恐龙，千真万确！恐龙的这一分支在 6600 万年前的那次大灭绝事件中幸存了下来。这一理论是现代古生物学的骄人成就，尽管它曾经备受争议，几乎被弃如敝屣，但由于当前科学证据的有力支持，已经获得科学家们一边倒的认可，并很快为公众所知。不过，这个突破只是个开始：新发现的保存完好的珍贵化石、最新成像和分析工具的应用，以及对现生恐龙——鸟类的生物学特征的深刻了解，这一切，使得恐龙研究领域不断涌现出震撼人心的新观点。如今我们对恐龙远比过去更为了解，它们的生长速度、繁育方式乃至身上的颜色，都已为我们所知——而这，在几年前还不过是推测或空想。

所有这些活动和发现大大增强了恐龙对大众的吸引力。如此令人心折的生物必然会催生出大量传说和不切实际的认知，这些误读和民间想象，从本质上讲，是对有关恐龙的已知和未知的扭曲。要想写一本关于恐龙的好书，厘清事实与虚构，不一定非要一名科学家不可。但毋庸置疑的是，科学家拥有得天独厚的条件。他们能够将自己作为恐龙猎人和研究人员的专业知识和经验融入写作中，为读者献上某些特别的东西。本书的作者就是如此。实际上，马克完全有资格宣称，本书中描述的那些非凡发现，有很多要归功于他本人和他的同事们。在这本书中，马克以他非同一般的才能，将恐龙科学真实生动地呈献在大家眼前。

迈克尔·J.诺瓦采克

美国自然历史博物馆资深副馆长，科学部教务长，古生物展馆馆长

简　介

　　几乎可以说，地球上的每一个人都知道或相信自己知道恐龙是什么。通过广告和儿童电视节目，恐龙已经成为流行文化中无处不在的形象。不仅如此，恐龙几乎成了"老""灭绝""过时""蠢"或者"丑"的一种隐喻。

　　几乎从电影被发明的那一天起，恐龙就一直是电影人所热衷表现的一个主题。动画长片《恐龙葛蒂》（*Gertie the Dinosaur*）出现在1914年，此时距最早的动画电影面世不过只有几年的时间。在接下来的那些年里，恐龙可以说是星光四射。1938年的电影《育婴奇谭》（*Bringing up Baby*，凯瑟琳·赫本与加里·格兰特主演）一开头，就是格兰特扮演的一脸书生气的古生物学家，在寻找一块"肋间骨"，来完成拼装雷龙骨架的工作。很快，更多影视作品接踵而至。1940年，迪士尼工作室和作曲家斯特拉文斯基合作，创作出了史诗般的《幻想曲》（*Fantasia*）。在这部动画电影中，一群恐龙伴随着斯特拉文斯基《春之祭》的乐声昂首阔步。我的前任、美国自然历史博物馆的巴纳姆·布朗（君王暴龙的发现者），为该项目担纲顾问。正是因为布朗的努力，最终1964年的纽约世界博览会有了一个非常吸引人的景点，迪士尼乐园也多了一个常设景点。近来恐龙电影大量涌现，遍及各种电影类型。

　　恐龙科学和好莱坞之间的关联在《侏罗纪公园》系列电影中得到了最直观的阐释。《侏罗纪公园》第一部在1993年上映，导演是史蒂芬·斯皮尔伯格，根据迈克尔·克莱顿的一本小说改编，演员阵容星光熠熠，截至本书落笔之时，这部电影的票房已经远远超过了10亿美元。在影片上映时，对所有观众来说，这是他们亲眼见过的最真实可信的恐龙形象。按照今天的标准来看，当时所用的动画和木偶技术都相当原始，但却为这些恐龙注入了生命。从那时以来，这个系列的电影已经推出了四部，另外还有一部在制作当中[①]。这些电影的制作成本高达数亿美元，观众人数也数以亿计，而电影的基本前提不过是一些相当可疑的科学理论，对恐龙古生物学家日常研究的呈现也不甚确切。跟此前的《幻想曲》一样，《侏罗纪公园》也为主题公园吸引了大量游客。

　　公众对这种古老爬行动物的痴迷程度，并不仅表现为好莱坞恐龙电影的大热，恐龙展览同样吸引了大量观众。只要有恐龙，不管是博物馆、大学、活动中心、科学中心还是购物商场，都会吸引数以百万计的人前来。虽说当今国际社会，人与人之间越来越难以找到共同点，但对恐龙的兴趣和迷恋仍然"放之四海而皆准"。在我所在的美国自然历史博物馆，每年的访客超过500万人次，其中恐龙展厅吸引的人数最多，遥遥领先于其他展厅。多到什么程度呢？人们给本博物馆取的俗名就是"恐龙博物馆"，由此可见一斑。

　　人们普遍认为，是这些电影（尤其是《侏罗纪公园》）在全球引发了恐龙狂热，然而从历史的角度来看，情况并非如此。1854年，本杰明·沃特豪斯·霍金斯（Benjamin Waterhouse Hawkins）精心制作的恐龙复原作品在伦

▷ 美国自然历史博物馆展出蜥臀类恐龙的大卫·科赫展厅。这家享有盛名的博物馆共有六个脊椎动物化石展厅，大卫·科赫展厅就是其中之一。

[①] 此系列的第5部已于2018年上映。本书如无特殊说明，所有注释均为编者注。

敦南部的水晶宫公园展出（在海德公园参加完万国工业博览会之后迁至此处），这些作品当时就吸引了非常多的游客，20世纪初期参观美国自然历史博物馆历次恐龙展的人群更是摩肩接踵。

早在20世纪60年代初期，恐龙就已经深受欢迎，常常能吸引到大量游客前来参观。图中所示的恐龙曾在1964年出现在纽约市举办的世界博览会上，而在展出之前这些恐龙还由一艘驳船搭载绕曼哈顿岛环游。

为什么人们的热情如此之高？作为一名专业人士，经常有人向我提出这个问题。很多人曾经试图回答这个问题，相关论文也数不胜数。但对我来说，答案非常简单，那就是想象力。从某种意义上来说，世界上每一个人都对动物有所了解。比如我们在公园里见到的鸽子，作为人类食物的牛和猪，动物园里的珍禽异兽，或者是电视里看到的更让人瞠目结舌的动物。但即便如此，人们见到恐龙之后还是会感到震撼——很多恐龙的不可思议程度已经超过了"不可思议"这个词所能表述的范畴。它们是来自远古世界的超级明星。这些神奇的生物，有的体形巨大，有的身背利剑，有的头长尖角，有的牙齿森然如戟，有的绒毛遍布全身，有的看上去穷凶极恶，有的跑起来风驰电掣。仅仅是在博物馆里看到它们的遗骸就已经让人满面含笑、心驰神往了（当然，如果是年纪非常小的孩子的话，也可能是满面淌泪）。这些动物的骸骨，只要看上一眼就足以激发我们的好奇心。我们没有办法像在纽约城观察鸽子一样，直接观察到这些早已灭绝的动物的样貌、行为或饮食习惯，但我们可以发挥想象力，因材制宜，让博物馆中的骨头起死回生，

△ 1938年电影《育婴奇谭》剧照，影片由加里·格兰特与凯瑟琳·赫本主演。

◁ 1914年的电影《恐龙葛蒂》中的恐龙形象，本片是最早的动画电影之一。

▷ 艾伦·格兰特博士（由山姆·尼尔饰演）
与一群非常凶恶的迅猛龙对峙，剧照来自
2001年的电影《侏罗纪公园Ⅲ》。

▽ 伦敦南部的水晶宫公园展出的本杰明·沃
特豪斯·霍金斯制作的等比例禽龙复原作品。

AIR DINOSAURS ON WAY TO

而这正是迄今为止我们人类大部分时间在做的事情。

到目前为止，我完全没有提及这一切背后的科学。在很大程度上，恐龙古生物学家对这一切的看法与普通人大相径庭。在恐龙研究方面，我们这一行的所有人都有各自的风格、兴趣点、经验和观察角度。大家思考的科学问题也相当庞杂，包括如何理解恐龙彼此之间的关系，它们吃什么，它们的行为如何，它们住在哪里，甚至它们的大脑有什么能力，它们本身是什么颜色，或者它们能看到什么。现代生物学家在研究现生动物的时候，也要研究这些方面的问题。可以说，我们就是以化石为研究对象的生物学家。

恐龙研究之所以有价值，原因之一在于，它们是科学教育的重要载体。媒体的灌输和公众的兴趣导致人们对恐龙的了解可能比大多数其他类群的动物都要多，不管是现生动物还是已经灭绝的动物。他们知道，一颗小行星可能在6600万年前撞上了地球。他们知道各种恐龙的

△ 早在20世纪60年代初期恐龙就已经深受欢迎，常常能吸引到大量游客前来参观。图中所示的恐龙曾在1964年出现在纽约市举办的世界博览会上，而在展出之前这些恐龙还由一艘驳船搭载绕曼哈顿岛环游。

名字。暴龙类到底是食腐者还是掠食者，他们可能也有自己的看法。这个单子可以开列很长，作为恐龙科学家，我们的职责就是利用公众的这种热情，以恐龙为切入点，向他们提供有关一系列主题的教育，如果没有恐龙，这些主题可能很枯燥乏味——遗传学、地球史、数学、功能形态学以及计算机科学。作为一名专业人士，一想到我从地下挖出来的东西能产生如此深远的影响，内心就会振奋不已。

最后我要说的是，目前的环境下与恐龙古生物学相关的电影、广告和纪念品俯拾即是，要画一条区分现实与虚构的线并不容易。芜杂错乱的信息纷至沓来，从小报新闻、过分热心的编剧、劣质科学、不明就里的博客作者等渠道找出真正的发现相当困难。现在，让我们开始正本清源吧！

关于本书

从多项指标来看，美国自然历史博物馆恐龙藏品的重要性堪称全球之最。这里的藏品数量可能不是最多的（按实际骨骼的数量计算），但多样化程度却是最高的。

这是逾125年的丰厚遗产，由本博物馆古生物学家包括亨利·费尔菲尔德·奥斯本（Henry Fairfield Osborn）、沃尔特·格兰杰（Walter Granger）、巴纳姆·布朗、埃德温·科尔伯特（Edwin Colbert）以及大量技术人员和学生，前赴后继不断收集恐龙化石积累而来。

这些藏品是从地球各地不断挖掘、汇集起来的，正因如此，本博物馆的藏品比其他许多博物馆的藏品更具总括性和世界性。这些收藏都是在第一个恐龙收集黄金时代（大约1890—1910年）积累的，而那个时代已与今天大相径庭。在第二次世界大战之前，在发展中国家收集恐龙化石并将其归入自己的收藏要容易得多。因为当时恐龙化石没有商业价值，私人土地可以畅行无碍，土地所有者往往慷慨好客。即使当时的条条框框没有那么严格，在大多数情况下，获得许可仍然是恰当且必需的，美国自然历史博物馆就是这么做的。干我们这一行的人，跟印第安纳·琼斯[1]或劳拉·克罗夫特[2]可不一样。比方说，本博物馆考察队前往戈壁沙漠是得到蒙古政府许可的，这份许可证至今仍在博物馆内保存。如今，大多数国家都不再允许将恐龙宝藏永久性运到国外。不过，这并没有阻止对传统、偏远或新的化石发现区的勘察，实际上，我们正处于一个更具国际主义色彩的新的恐龙收集黄金时代。

本博物馆恐龙的展示方式可以追溯到1995年，当时我们采用了一种史无前例的做法，将恐龙和其他脊椎动物化石与它们现生的近亲放在一起。这个展示方案不但反映了它们之间的关系，而且记录了支持相关假设的证据，与以往那种按照时间顺序进行排列的方案大不相同。幸运的是，自从展馆开放以来，本博物馆展厅的系统发生学结构保持了相对稳定。为了完整而翔实地讲述这个故事，我们不仅需要这些永久藏品，还需要另添一些标本铸模来填补故事中的漏洞。本博物馆考察队在蒙古收集的几乎所有重要标本都有铸模。从1990年以来，我就一直在蒙古挖掘，那里已经不再允许永久性出口标本。

在过去的几十年里，人们开展了更多的恐龙研究，发现、描述和研究恐龙的速度比以往任何时候都更快。不仅如此，除了发现的物种数量越来越多，令人赞叹不已的标本也大量涌现。带羽毛的恐龙现在很常见，而坐在巢中孵蛋的恐龙、恐龙胚胎和其他怪异又出人意料的化石也在全球各地都有发现。

我们研究恐龙的方式也发生了变化。我们不再仅仅拿着放大镜和刷子，更常见的情况是，我们会利用同步辐射、质谱仪和世界上最先进的计算机。我的同事既有可能是传统的古生物学家，也可能是工程师、分子生物学家和计算机科学家。

这本书讲述的就是与这一切相关的内容。这不是对全世界恐龙的一次综合性概述，而是用美国自然历史博物馆所展出的那些典型恐龙，来讲述当前多学科交叉背景下恐龙研究与发现的

---

① 电影《夺宝奇兵》主人公，考古学家，探险家。
② 冒险游戏、电影《古墓丽影》中的女主角，考古学家，盗墓者。

▷ 美国自然历史博物馆大卫·科赫蜥臀类恐龙展厅内的三角龙。

the horns and frills
eratopsians for?

rily thought that ceratopsians used their
against predators like *Tyrannosaurus rex*
e frill served mainly as an attachment site
uch presumably would have resulted in a

Triceratops, a horned dinosaur

故事。如前所述，本书所呈现恐龙标本的顺序与本博物馆两个展厅的展示顺序是一致的。馆中展出的恐龙并未尽数收录在本书中，但主要的则没有遗漏，其余的大部分也都有所提及。以这些物种作为镜头，我们可以窥探历史，检视科学，领略这些无与伦比的动物的无限魅力。

△ 1897年，年轻时的巴纳姆·布朗（左）和本博物馆馆长亨利·费尔菲尔德·奥斯本在美国怀俄明州的科莫布拉夫遗址，当时他们正在挖掘一件梁龙标本。

▷ 早白垩世的暴龙类——羽王龙的复原模型。羽王龙的标本是在中国东北发现的，研究人员研究了这件化石的标本，认为它应该长有蓬松的羽毛。

恐龙是什么？

大多数人知道或者自以为知道恐龙是什么。他们在定义恐龙的时候通常会使用"巨大""有鳞片""已灭绝""被淘汰"等词语。这些说法简直离谱得不能再离谱。让我们来看看恐龙到底是什么。

恐龙是一个爬行动物类群，从化石记录来看，这个类群最早出现在大约2.35亿年前的三叠纪（约2.52亿至约2.01亿年前）末期。在古生物学家看来，恐龙是一个"单系"类群，也就是说这个类群的所有成员都来自一个共同祖先。在外行人的眼里，长得像恐龙的动物有很多，包括海生蜥蜴沧龙类（Mosasaurs）和非常不像鳄鱼的原始鳄鱼鳄类——有些鳄类甚至是完全陆生的，双足行走，可能连牙齿都没有。

恐龙属于"恐龙类"（Dinosauria）这个类群。这个术语最早是由英国比较解剖学家理查德·欧文（Richard Owen，1804—1892）在1842年开始使用的。它来源于希腊语，意思为"可怕的（terrible）爬行动物"。欧文使用"terrible"这个词，并不含有"不愉快"的负面含义；相反，他使用的是这个词当时通行的含义：非常大的。毫无疑问，他的意思是，当时闻名的、最初在英国乡间发现的那些化石恐龙，堪称庞然大物。

在欧文创造了这个术语后不久，欧洲和北美发现了许多新化石，人们逐渐意识到，恐龙是一个非常成功的类群，跨越了非常长的地质时期。没过多久，人们发现恐龙化石如此之多，以至于有可能将它们归入一个系谱。系谱是一个术语，指家谱或家族树。

以这些发现作为基础，维多利亚时代的古生物学家哈里·西利（Harry Seeley，1839—1909）在1888年提出将恐龙分为两大类群：蜥臀类（Saurischia）和鸟臀类（Ornithischia）。顾名思义，西利根据恐龙的臀部结构将其划分为不同的类群（见第

△ 托马斯·赫胥黎是查尔斯·达尔文进化论的坚定捍卫者，第一个认识到鸟类与已经灭绝的恐龙之间存在亲缘关系。

△ 维多利亚时代广受尊崇的生物学家理查德·欧文。"恐龙"这个词就是欧文创造出来的，不过他从未接受达尔文的进化论。

18页）。在他看来，禽龙（Iguanodon）和林龙（Hylaeosaurus）——这两种恐龙在英国收藏品中都很出名——等恐龙的臀部看起来与现生鸟类的臀部很像，其中 块盆骨（耻骨）的很大一部分指向尾部。而在较典型的蜥臀类中，耻骨指向前方，与其他大多数爬行动物和四足动物（包括所有陆生脊椎动物）相同。

然而遗憾的是，西利的主张导致接下来的几十年里一切变得无比混乱。从19世纪60年代开始，就有人提出了鸟类是从恐龙演化而来的观点，这一点我们将在后面讨论。托马斯·赫胥黎（1825—1895）是第一个承认这一理论的人，这是基于他对巨齿龙（Megalosaurus）以及一种原始鸟类始祖鸟（Archaeopteryx）的伦敦标本的研究。混乱的根源在于，赫胥黎推测鸟类是从恐龙演化而来的，但指的不是鸟臀类恐龙，而是蜥臀类恐龙。事实证明，鸟臀类恐龙的骨盆具有高度衍生性，导致西利在描述鸟臀类的骨盆时犯了一个阐释性错误。

四足类的骨盆由三组成对的骨骼构成：坐骨、髂骨和耻骨，这三对骨骼形成了一个平台，支持后部附肢，也就是腿。这三对骨骼在髋臼的周围相接，髋臼是一个浅窝，股骨头在这里以球窝关节的形式附着在躯干上。在大多数动物中，所有这些成对的骨骼都在中线处相接。

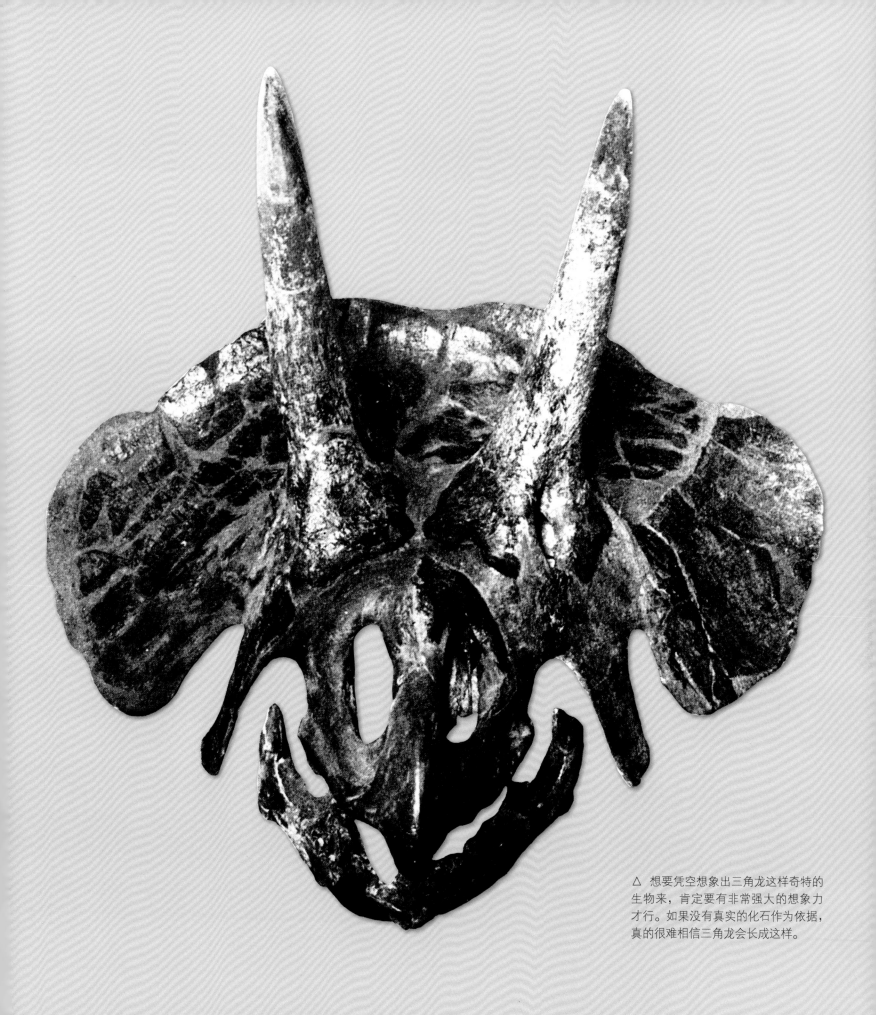

△ 想要凭空想象出三角龙这样奇特的
生物来，肯定要有非常强大的想象力
才行。如果没有真实的化石作为依据，
真的很难相信三角龙会长成这样。

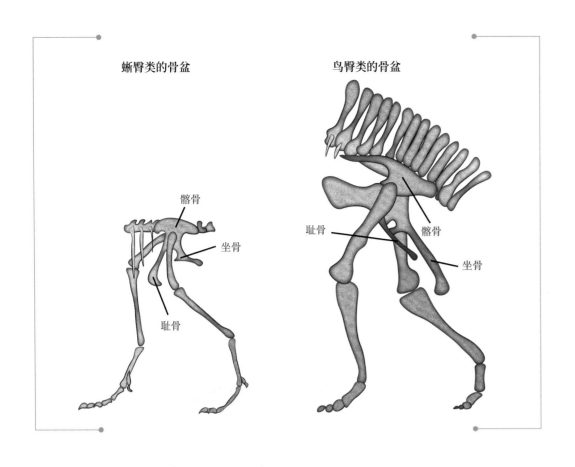

蜥臀类的骨盆

鸟臀类的骨盆

髂骨

坐骨

耻骨

耻骨

髂骨

坐骨

◁ 传统上讲，臀部骨骼方向的差别是区分两大类恐龙的基本特征。鸟臀类恐龙（右侧）的耻骨向后伸展，而蜥臀类恐龙的耻骨则略微向前。

髂骨与融合的脊柱节段（椎骨）相交，将后肢紧紧地固定在骶骨上。如上图所示，耻骨通常向下和向前突出，与此相对，坐骨则向后和向下突出。

现生鸟类是个例外。在这类动物中，成对的坐骨及耻骨并不会汇聚在一起，沿着中线相遇。此外，鸟类的耻骨不是像大多数动物和大多数非鸟蜥臀类恐龙那样向前伸展，而是向后方伸展，和西利认为的鸟臀类恐龙的耻骨伸展方向相同。

仔细观察鸟臀类恐龙的骨盆，我们就可以看到西利犯错的原因在哪里。对鸟臀类恐龙来说，耻骨有两个组成部分，其中一部分向前突出，另外一部分向后突出。现代观点认为，向后突出的部分就是我们所说的"新质"（Neomorph），也就是以前不存在的一种新特征。然而，许多古生物学家认为，有一个小小的组成部分，即鸟臀目化石中的原始耻骨（Propubis），实际上是一个与祖先耻骨进化历史相关的组成部分。这就是所谓的同源性。

同源是演化研究中的一个重要理论性概念，甚至可以说是最重要的。从字面上看，同源意味着"相同"。然而，这个术语指的是一种特殊的相同之处，一种在演化史上有着内在联系的相同之处。因此，它为有机体的相互关联性提供了证据。有关这一点，最好的解释方式就是举例说明。

所有脊椎动物都有脊椎。对此的解释是，脊椎曾经因演化而出现过一次，因此脊椎动物的共同祖先的所有后代都有脊椎。在科学上，最简单的答案往往被认为是最优的，因为这个答案要求的特定解释或假设的数量最少。比如，如果我们说脊椎演化出现过两次，那么就要求两步，但如果假设只有单一来源，则只需要一步。在脊椎动物中，有一个子类群的动物具有四肢，它们就是四足动物。这个类群包括我们比较熟悉的两栖动物（青蛙、蝾螈及其近亲）以及较高级的羊膜动物。羊膜动物拥有一门绝技，能够在陆地产卵。在羊膜动物中有一个支系，海龟、蜥蜴、蛇、鳄鱼以及很多已灭绝的动物都属于这个支系，其中最重要的已灭绝动物就是非鸟恐龙。羊膜动物的另外一个支系包括所有现生哺乳动物以及它们的祖先。哺乳动物支系的很多动物，特别是早期的代表物种，比如长有背帆的盘龙类，或者笨拙的二齿兽，常常会被误认为是恐龙。这些动物不是最早的恐龙的后代，反而与哺乳动物的关系更为密切，因此它们都不属于恐龙。

在现生动物当中，与恐龙亲缘关系最近的是鳄鱼。鳄鱼和恐龙同源，二者有一些共同特征。这些特征既包括很多骨架方面的特征，也包括DNA方面的特征。人们或许会惊讶地发现，这两者之间还有一些共同的形态生理特征（如先进的单向肺通气系统）以及一些共同的行为特征（如守护巢穴、合作狩猎）。但早期的鳄类与现在大相径庭，在外行人看来，它们根本没有一点儿鳄鱼的样子。

包括恐龙（含鸟类）、鳄类及其近亲在内的类群被称为主龙类（Archosauria），意思是"占据统治地位的爬行动物"。主龙类分为两个单系类群，分别是鸟系主龙类和鳄系主龙类。鸟系主龙类我们都很熟悉，包括现生恐龙（也就是鸟类），也包括其他动物，比如非鸟恐龙和非恐龙飞行爬行类——翼龙类（Pterosaurs）。鳄系主龙类就没有这么多样化了，而且人们也不怎么熟悉。我们对这个类群的了解受到局限，因为这个类群中现生生物多样化程度不高（只有大约23个物种），通常住在赤道附近的单一栖息地，化石遗物也相当少。但目前我们可以确定的是，鳄系主龙类曾经在身体形态和物种丰富度方面都相当多样化。这些动物当中有许多是完全陆生的。有些是大型肉食性动物，如迅猛鳄（Prestosuchus）；其他的如马拉鳄龙（Marasuchus）则是身材娇小的生态专家，牙齿很小，四肢纤细，体表覆有带尖刺的甲。另外一些诸如达克龙（Dakosaurus）则是水生巨兽，体长可达5米。

这里有必要引入分异度（Disparity）这个概念。要想知道一个生物类群在演化方面是否成功，可以通过几种方法加以度量。科学界和非科学界人士最熟悉的一个指标就是多度。多度是个非常简单的概念，衡量的是各个时期的物种数量。通常我们用一个简单的双变量分布图来表示多度，一条坐标轴代表绝对时间，另一条坐标轴代表某个时期找到的有化石记录的物种的数量。这种办法不可避免地存在困难和讹误，因为分析所用到的一个很重要的数据并非实际物种数量，而是找到的化石的数量。这意味着，如果某时期沉积层的化石少之又少，那么当时的物种

△ 沧龙类是大型海生爬行动物，与恐龙之间没有亲缘关系。它们是晚白垩世海洋中的顶级捕食者。

△ 灵鳄是一种特化的双足鳄系主龙类，但不是恐龙。灵鳄大约2米长，发现的岩层与腔骨龙类相同（见第54页）。

数量也就同样寥寥无几。尽管通过某些分析方法，我们能对此进行校正，但就衡量其多样性而言，这仍然不是一个好方法。

与多度不同，分异度衡量的不是物种的数量，而是有机体之间的差异。举例来说，有很多不同种的鸟都叫"林莺"，这种鸟的多样性水平简直令人叹为观止，仅在美洲就有多达50种，就连"硬核"观鸟人士都难以区分它们。再举一个例子，平胸鸟这个类群的多样性水平就低得多，除在化石中发现的一些之外，现生物种只有大约12种。这个类群的鸟既包括小巧的几维鸟，也包括灭绝时间不算很长的体形巨大的象鸟（Aepyornis）。因此，哪个类群的多样化水平更高，是物种数量更多的林莺呢，还是差异很大的平胸鸟呢？这是一个值得深究的问题。尽管林莺的物种数量更多，但显而易见，平胸鸟之间的差异更大。过去几年间出现了不少分析工具，可以用来度量分异度。毫不意外地，从很长一段时间的情形来看，分异度和多样化水平之间通常不存在高度相关的关系。不过，很多（甚至可以说大多数）科学家都会同意，要想了解生命随着时间推移而演化的动态，对分异度和多样性必须同时加以考察。

虽然无论在物种多样性方面，还是在形态分异度方面，鳄系主龙类从未达到过它们的近亲鸟系主龙类的水平，但仍然可以说，鳄系主龙类的差异水平远远不是其现生后代所反映出来的这种程度。鳄系主龙类当中最原始的成员与鸟系主龙类中的早期成员看起来十分相似，分辨起来非常困难。它们都生有两足，可能还有羽毛，以肉为食，跟恐龙和鸟类都有许多共同特点。

定义恐龙之所以困难，还有另外一个原因，那就是近年来发现的许多动物与恐龙关系非常密切，却既不属于鸟臀类，也不属于蜥臀类。

虽然它们的骨盆属于蜥臀类，却不具备鸟臀类和蜥臀类共有的一些典型特征。我们把这些动物统称为"恐龙型态类"，它们与恐龙的关系比翼龙类与恐龙之间的关系更密切。因为这些动物，比如出自新墨西哥州"幽灵农场"化石遗址的奔股骨蜥（Dromomeron，一种晚三叠世的恐龙型态类），有很多恐龙的特征，但这些特征在鳄系主龙类身上并不存在。这样一来，便在某种程度上模糊了恐龙与非恐龙之间的分界线，令人很难界定到底什么恐龙。我们所能利用的，只有一些技术上的解剖学细节，以及下面要阐明的一个重要特征。

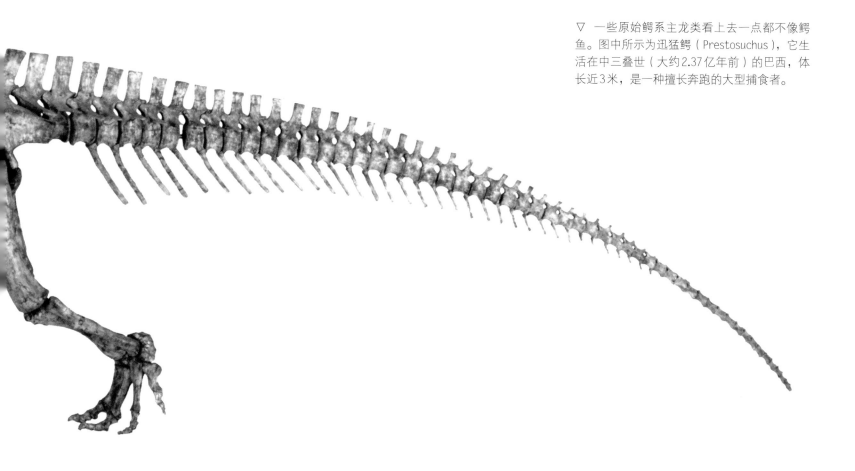

长期以来，有一个类群一直被认为是恐龙的最近的亲戚，那就是西里龙类（Silesauridae）。西里龙类属于一个名为"恐龙型类"（Dinosauriformes）的类群，体形非常小。人们对其所知甚少，只知道这些动物长有四足，植食性，此外还与恐龙有一个共同特征——臀窝上有一个开口。恐龙型类的开口虽然不大，但确乎存在，像一条小缝，而恐龙的开口则比较大——这是辨别真正恐龙的最佳特征之一。

虽然有几个特征可以用于定义恐龙，但当所有资料都摆到我们面前时，也许除了完全开敞的髋臼外，其他任何单一的属性，都不足以让我们将其辨别出来。这一方面是因为恐龙单源的直接特征证据太少了，另一方面也是因为恐龙的近亲太多了，比如在过去几年里发现的许多原始鳄类。然而无论如何，我们认为所有的恐龙都来源于一个共同的祖先，彼此之间的亲缘关系要比与其他脊椎动物之间的关系更为亲近。

在大约150年的时间里，西利关于两种恐龙的观点一直无人撼动，是学界正统观点，一代又一代古生物学家在这一框架内阐释自己的研究成果。但近年来，这一正统观点受到了挑战。2017年，英国的一个研究小组将一个非常巨大的数据集合并起来，重新分析了这个问题。他们的结论是，鸟臀类和蜥臀类这种分法已经不合时宜，鸟臀类与传统蜥臀类中的一个子类群，即兽脚类，亲缘关系更近；蜥臀类包括鸟类，但不包括蜥脚类恐龙——自从西利时代以来，蜥脚类一直被认为是蜥臀类的成员。

他们的结论是以一个非常庞大的特征数据集为基础得出的。但遗憾的是，数据集的一部分有效性存疑，因为其中大量数据都不是他们亲自观察标本得到的，而且他们也没有把所有标本全都纳入进来。很快就有人对此提出挑战，支持原来的正统理论。但这样做的人不多。因为新发现非常之多，再加上其他年轻科学家在这个领域所做的工作，这毫无疑问是一个值得关注的领域。不过，到本书写作之时，大量恐龙古生物学家仍然按照西利建立的范式从事研究。

恐龙发现史

毫无疑问，人们发现和收集恐龙化石已经有了几千年的历史。毕竟，恐龙化石就在那里，而且我们人类天生就非常好奇。然而，科学背景下的恐龙发现开始于西欧，那里是科学启蒙的发源地。

随着越来越多的人开始用科学（生物学、物理学、医学、地质学等）而不是神学或迷信作为手段来解释世界，大量的新思想开始涌现。我们拥有的第一条有关恐龙的确切记录是在1676年，当时的牛津大学阿什莫林博物馆（Ashmolean Museum）馆长罗伯特·普洛特（Robert Plot，1640—1696）发表了一份简短的报告，内容与别人送给他的一块在牛津郡发现的骨头有关。当然，中国人很可能在很久以前就发现了类似的标本，至少可以追溯到金代（1115—1234）甚至汉代（前206—公元220），记录显示，中国南方曾发现过"龙骨"。在当时中国药剂师的眼中，龙骨是一种常用成分，有安神、驱邪、镇静的功效，日常也用来治疗溃疡、缓解月经症状（现在龙骨也是一味中药）。在距今并不太远的时期，大多数进入方剂市场的中国脊椎动物化石来自山西省，通常只是哺乳动物的化石，而不是恐龙化石。不过毫无疑问的是，恐龙化石也曾混入其中。通常认为，金代的"龙骨"来自四川，而今天四川的恐龙化石和哺乳动物化石都非常有名。

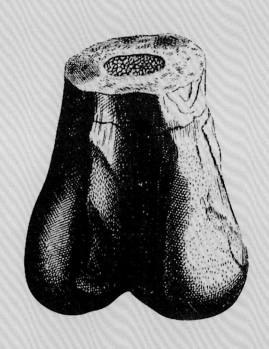

△ 尽管这块骨头如今已经丢失，但这是第一块得到描述并配图的恐龙骨。图中所示为巨齿龙股骨的下端，由罗伯特·普洛特于1676年绘制，后来被理查德·布鲁克斯称作"人阴囊"。

▽ 威廉·巴克兰1824年的论文《斯通菲尔德巨齿龙或巨大化石蜥蜴的研究》中的一幅巨齿龙颌骨手绘插图。这是最早的恐龙化石手绘图之一。

ANTERIOR EXTREMITY OF THE RIGHT LOWER JAW OF THE MEGALOSAURUS.
FROM STONESFIELD NEAR OXFORD.

Scale of Inches

△ 中国农民正在挖掘"龙骨",地点是在中原地区,时间是在20世纪20年代。尽管所谓的"龙骨"不过是些哺乳动物的骨化石,但仍被认为是一种重要的中药材。

普洛特认出,他在1676年得到的骨头是股骨(大腿骨)的末端,是一种非常大的动物膝部的一部分。至于这是一种什么动物的骨骼,他并不怎么确定。他觉得这可能是一个巨大的古人类的遗骸,甚至可能是罗马战象的遗骸。让人哑然失笑的是,近100年后的1763年,英国医师兼作家理查德·布鲁克斯(Richard Brookes,1721—1763)描述了这块骨头,并根据其独特的形状将其称作"人阴囊"。遗憾的是,这块骨头后来消失了,但从当时出版的图片来看,很显然这是巨齿龙的股骨末端(膝盖上部)。如今人们知道,巨齿龙不过是一种很普通的蜥臀类肉食性恐龙。

在现代科学框架内,最早一批可识别为恐龙的化石是由英国士绅阶层人士在该国南部收集的。牛津大学教授威廉·巴克兰(William Buckland,1784—1856)首次报告发现了恐龙遗骸。他意识到这些遗骸属于某一类群的大型肉食性爬行动物,并在1824年创造了"巨齿龙"(意思是大型蜥蜴)这一名称。接着很快就有更多恐龙化石被发现。1822年,玛丽·安·曼特尔(Mary Ann Mantell,约1795—约1855)在英国乡村远足的时候,发现了一种大型爬行动物的遗骸。她的丈夫吉迪恩·曼特尔(1790—1852)在检视之后认为,遗骸属于一种与巨齿龙同时期的植食性动物。因为这种动物尽管体形更大,它的牙齿却与新大陆食草蜥蜴鬣蜥(Iguana)的牙齿具有相似的特征。于是,在1825

△ 约瑟夫·莱迪（Joseph Leidy）是美国一位重要的古生物学家。1858年，他描述了佛克鸭嘴龙（Hadrosaurus foulki），这是当时人们发现的最完整的恐龙骨架。

△ 玛丽·安·曼特尔发现了第一件禽龙标本。

年，也就是巴克兰宣布他的发现仅一年后，吉迪恩·曼特尔把这种动物命名为禽龙（Iguanodon）。

从此之后，恐龙化石开始不断地在世界各地发现，包括1878年在比利时一个300多米深的煤矿中不经意间发现的38具禽龙骸骨。偶然性的发现后来开始屡见不鲜，在这种背景下，有组织的科学发掘时代悄然来临，主要就发生在北美洲。从美国内战后的西进扩张开始，美国西部就不断有令人惊喜的恐龙被发现。在很长一段时间里，这里发现的恐龙是全世界所收集到的最重要的恐龙。尽管近年来的新发现并未让这些收藏黯然失色，但毋庸置疑的是，在阿根廷、南非特别是中国收集到的引人注目的恐龙大大提升了我们对这种非凡动物的认识。

从整个古生物学历史来看，当今时代恐龙的发现速度堪称无与伦比。古生物学已经真正实现了全球化，来自北美和欧洲以外的发现超过了来自这两个传统大陆的发现。对那些科学界之外的人士来说，拥有大量新数据似乎是件大好事，能够为长期以来悬而未决的问题提供答案。但对我们这些从业者来说，这是一把双刃剑，你会在本书中读到，某些新发现非但没有回答旧问题，而且带来了更多的新问题。

△ 到了19世纪最后的25年里，已灭绝爬行动物的复原作品开始大量涌现。图中所示为禽龙和巨齿龙，它们都被塑造成非常具有"爬行特色"的怪物，相当不讨人喜欢。

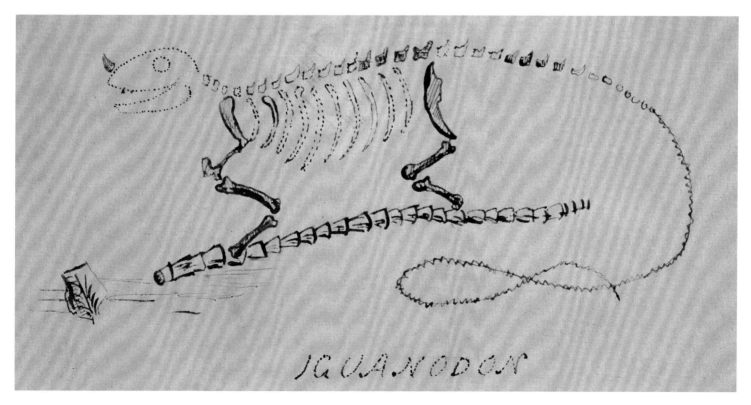

IGUANODON

△ 吉迪恩·曼特尔1834年绘制的禽龙。他把禽龙大拇指上的凸起当成了类似犀牛角一样的东西，而且不知出于什么原因，还让这只身长超过10米的动物爬上了一截树枝。

地质时代

在地质学的早期，人们就已经认识到了地球上沉积岩形成的基本原理。17世纪时，学者们就已经开始对地层进行编码。

地层层序律是最早期的理论之一。这条原理的提出者是尼古拉斯·斯坦诺（1638—1686），他是丹麦的一名教士，后来被宣布为圣徒。斯坦诺非常多才多艺，1669年，他正式提出了这条在我们看来显而易见的规律：所谓层序律，就是指在岩层之中，越靠近顶部的沉积层年龄越轻。

假如你到大峡谷徒步考察，科罗拉多河岸边的岩石就比边缘瞭望台的岩石更古老。你向地下前进得越深，时间距离现在就越远。对古生物学家来说，这一事实意义重大，因为在较低位置岩层中发现的化石，要比较高位置岩层中发现的化石年龄更大。尽管岩层可能因地球演化而发生扭曲或折叠，但有了这一普遍规律，早期古生物学家很快就认识到，与年龄较小的岩石中的化石相比，年龄较大的岩石中包含的化石来自更为原始的生命形式。

化石是地球上远古生命留下的唯一记录。所谓化石，可以指生存在远古的有机生物留下的任何印记，既包括化学标记，也包括足迹和骨骼化石。在本书中，我们将主要关注矿物替代化石。顾名思义，此类化石是原本的生物物质被某种其他矿物替代所形成的。这种替代可能非常精确，甚至精确到微观水平，从而使微小的结构，如单个骨细胞，得以保存，我们也因此得以解决一系列的古生物学问题。在后文中我们将会看到，这些问题包括了对生长和寿命的分析。

另一种化石是遗迹化石。人们最熟悉的一种遗迹化石就是足迹。恐龙足迹非常常见，通过详细研究这些足迹，我们可以了解到大量信息，从而推断出它们的移动速度、覆盖脚的软组织，以及是否为群居性动物足迹。最后我们应该记住，相对而言，任何形式的化石都是极难形成的，最终留下化石或成为化石的生物，仅占曾经生活过的动植物实际数量和种类的极小一部分。

古生物学家所重视的两大地质学原理，一个是斯坦诺的层序律，另一个是均变论。均变论由苏格兰地质学家詹姆斯·哈顿（James Hutton，1726—1797）在18世纪晚期提出。这一原理是说，今天地球上正在发生的过程与千百万年前发生的过程是相同的。与层序律类似，这一思想现在看起来简单明了，在当时却是革命性的。当时大量宗教人士和部分科学家认为，地球上的大多数岩石都是某一次大洪水或一系列全球范围内的灾难事件形成的——这一理论被称为灾变论。

随着化石发现在全球各地成为一件司空见惯的事情，早期的古生物学家注意到，在不同的地理区域发现的化石存在相似之处。他们正确地推断出这些化石来自相同年龄的岩石——按照古生物学家的术语，这些化石之间存在"相关性"。由此，生物地层学这一分支学科应运而生。

△ 尼古拉斯·斯坦诺是一名早期地质理论家，他总结的很多原理为现代地质学奠定了基础。

▷ 像美国大峡谷这样的大型出露可以直接反映沉积过程。你可以清楚地看到，沉积岩是一层一层堆叠的，较老的岩层在较年轻的岩层的下方。

△ 一件水龙兽标本。这种动物的遗骸在南极洲、南美洲和北美洲都有发现。

到了18世纪末19世纪初，地质学家就地质时代的基本划分方法达成一致。如今，这些划分不同阶段的时间单位从大到小可分为宙、代、纪、世、期，通常来说，前一单位可划分为若干后一单位。通过欧洲地质学家的工作我们知道，地球上高等多细胞生命演化出来的宙——显生宙可分为三个代，即古生代、中生代和新生代。本书涉及的大部分内容都属于中生代，这是属于传统的非鸟恐龙的时代。中生代又分为三个纪，分别是三叠纪、侏罗纪和白垩纪。

在整个地球历史上共发生了数次大规模灭绝事件，其中两次发生在中生代，分别是二叠纪—三叠纪灭绝事件和白垩纪—古近纪灭绝事件。二叠纪—三叠纪灭绝事件是地球历史上最大规模的灭绝事件，据估计，多达96%的海洋生物和70%的陆生脊椎动物都消失了。虽然有很多猜测，但人们对这场灾难的原因知之甚少。许多人认为，这次事件开辟出了适宜的陆地生态空间，为恐龙演化扫清了障碍。而中生代结束时的那次灭绝事件，其相关情形则要清晰得多了。这次事件不但过程非常清晰，而且对恐龙的影响非常之大，本书最后一章将对此做更详尽的介绍。

早期地质学家们没能解决的一个问题是时间的概念，即地球的年龄有多大。大多数的估计，如17世纪厄谢尔大主教根据《圣经》所做的著名推算，认为地球是在公元前4004年诞生的。1862年，开尔文勋爵采用更为实证的方法，估计地球的年龄在2亿至4亿年之间。他假设地球最初是一个巨大的熔融火球，随后由外向内渐渐冷却成今天的样子，冷却过程所用的时间就是地球的年龄。后来相关计算又进一步完善，并得出了"1亿年"这样一个结果。开尔文的尝试虽然不错，但却错讹百出。

在放射性测年法出现之前，地球的年龄被大大低估了。即使在20世纪初，人们还认为白垩纪结束于数百万年前。今天，地质年代表已由国际地质学家协会编纂完成，与真实日期紧密联系在一起，而不再只是笼统的阶段或时间段。现在，通常认为地球的年龄是45亿岁。

放射性测年法相对简单，却不乏微妙之处。在本书中，我们只需要说明一点，那就是这种测年法的依据是地球上放射性元素的衰变。通常来说，这些元素都与化石有关。既然这些元素衰变成子元素（比如铀衰变成铅）的速率是已知的，那么就可以通过测量这些元素的比例来确定岩石单位的年龄。下列几种元素的衰变，可用于测定岩石或化石的年代：铀能衰变成铅，氩的一种同位素能以固定速率衰变成另一种同位素，碳的同位素碳–14能衰变为碳–12。至于放射性时钟的机制（无论是在火山中、行星形成时还是大气中），这是一个相对复杂的问题，本书不拟详述。

中生代可以分为三个纪，分别是三叠纪、侏罗纪和白垩纪，除了白垩纪只分为早、晚两世外，另外两个纪又可以进一步细分为早、中和晚三世。三叠纪是指从大约2.52亿年前到2.01亿年前这个时期。三叠纪地层最早发现于欧洲西北部，该地层的颜色和岩石结构明显地由三个部分组成，"三叠纪"之名即由此而来。三叠纪是演化大实验的时代。如上所述，在二叠纪—三叠纪灭绝事件后，大部分陆地生态位未得到填补，脊椎动物则趁此机会崛起，新物种迅速出现并占领了这些生态位。在早三叠世，占主导地位的陆生动物是奇异的鳄系生物，它们是今天哺乳动物的远亲。直到距今约2.4亿年前的晚三叠世，恐龙才首次出现。它们登场的时候，整个地球只有一块大陆，这块大陆被称为泛大陆；在整个三叠纪期间，今天我们能看到的所有大陆都属于这块泛大陆。随着时间的推移，泛大陆逐渐裂开，但直到早侏罗世都维持着连续不间断的形态。

在三叠纪期间，整个泛大陆基本都处于炎热而干燥的环境之中。不过有一些证据表明，季风系统已经发展起来——特别是在三叠纪末期，这使得一些亚区变得较为湿润。当时的森林与今天大不相同，但是松柏类、蕨类、银杏类以及木贼类等至今仍存活的一些植物物种，当时就已经出现。海洋里活跃着各种鱼以及海洋爬行动物，如鱼龙和蛇颈龙（所有这些海洋爬行动物都将在白垩纪结束时消失）。

△ 在美国的晚三叠世岩层采集化石。全世界这一时期的化石都大同小异，证明了泛大陆原本就是一块超大陆。

侏罗纪始于约2亿年前，结束于约1.52亿年前，在这一时期内，恐龙大量繁殖，多样性大大增加，几乎所有主要子类群都已经出现。侏罗纪得名于阿尔卑斯山脉的侏罗山，这一时期全球各地都有恐龙分布。其他爬行动物类群，如各种蜥蜴、龟鳖类、鳄类等，也实现了多样化，并发展出各具特色的现代面貌。在此期间，现代哺乳动物演化出来，第一批会飞的恐龙——鸟类也出现了。这个时期的森林已经变得更加眼熟。尽管被子植物还没有出现，但许多其他现代植物已经登场。

泛大陆开始分裂，先是分为北部大陆和南部大陆，分别称为劳亚大陆和冈瓦纳大陆。这一分裂过程，加上动植物共同演化造成的升级，导致多样性大大增加，植食性动物尤其如此。到了中侏罗世，一些令人叹为观止的恐龙出现了，包括陆地上曾经出现过的一些体形最大的恐龙——蜥脚类。到侏罗纪结束的时候，地球上的动物区系已经颇具现代感了。白垩纪开始于大约1.41亿年前，结束于大约6600万年前，在这一时期发生了"植物物种大爆炸"，被子植物成为地球上最主要的植物群。如今，植食者（包括我们人类）用来填饱肚子的植物，几乎都属于被子植物。就我们能从记录中得到的信息来看，正是在这一时期，恐龙的多样性达到了最高水平。这一情形并不令人意外，因为这一时期同时也是地球上的陆地分裂程度最高的时期。到了白垩纪末期，各个大陆板块所处的位置与今天基本相同，但海平面要高得多，北美洲和欧洲都被浩瀚的浅陆间海一分为二。南部欧洲基本淹没在海里，形成了热带群岛。就跟今天的此类地理环境（比如加拉帕戈斯群岛和中南半岛）一样，这些彼此隔绝的区域是极佳的物种孵化器。如此说来，北美洲东部的恐龙动物区系与北美洲西部的恐龙动物区系截然不同也就不足为奇了。晚白垩世恐龙物种极为丰富，彼此之间存在巨大差异，但到了大约6600万年前，这一局面戛然而止。如今，我们身边仅存的恐龙后裔就只有鸟类了，据统计，现生鸟类大约有18000种。

△ 很多化石植物（比如这株蕨类植物）和化石动物在几个大陆都有分布。这个事实证明这些大陆原本是连在一起的，同属一块更大的大陆。

泛大陆的分裂

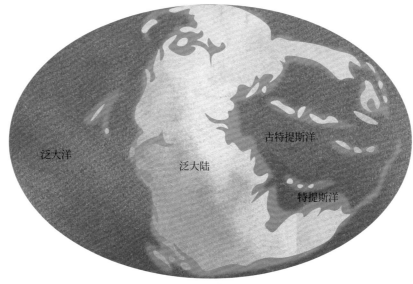

古特提斯洋

泛大洋 泛大陆

特提斯洋

三叠纪

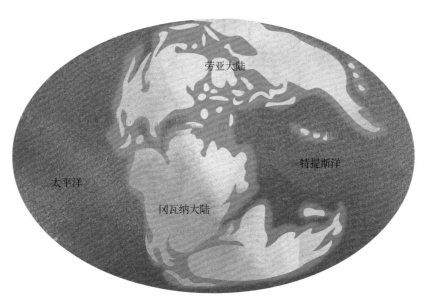

劳亚大陆

特提斯洋

太平洋

冈瓦纳大陆

晚侏罗世

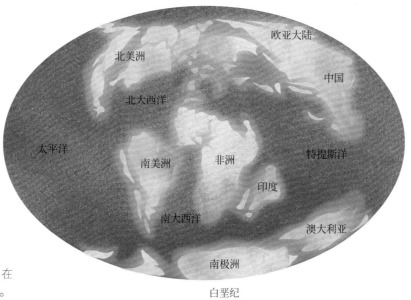

欧亚大陆

北美洲

中国

北大西洋

太平洋 特提斯洋

南美洲 非洲

印度

南大西洋

澳大利亚

南极洲

△ 这几幅中生代的地图显示，在
这个时期内大陆发生了巨大变化。

白垩纪

发现恐龙

恐龙是如何发现的呢？通常来说途径有两种。第一种显而易见：人们一直都在寻找恐龙。这些人基本都是专业人士（既包括学术界人士也包括商界人士），考察也都经过了仔细规划。当然，考察之前必须先得到国家和地方政府的许可，如果是私人土地，则需要得到土地所有者的许可。第二种途径是靠机缘，许多重要标本都是幸运的业余爱好者在徒步、骑行或建筑施工过程中发现的。

与早期的野外探险相比，专业的古生物勘察技术并没有发生很大变化。的确，我们现在有了卫星图像和全球定位系统，有时候还会用上无人机和直升机。虽然新技术让我们更容易确定要搜索的地方，但花费在地面的大量时间仍是无可替代的。强健的双腿，以及不惮长途跋涉的热情，是从事这类工作的首要条件。并不是每个人都乐此不疲，也不是所有恐龙古生物学家都会从事这样的野外工作。

确定潜在挖掘遗址的原因通常有三个。最显而易见的一个原因是，有特定的问题需要解答。早年间，人们需要用化石装点博物馆的展厅，后来这种需要转变成了一种狂热。不过，当前的情形早已今非昔比，野外考察更多地是以问题为导向。对我个人来说，这与从传统恐龙到鸟类的转变有关。所以，能保存这类化石的区域和时间段就是我们要着手寻找的地方。由此自然地过渡到了第二种确定潜在挖掘遗址的方法，那就是有人以前曾经在这块区域发现过某些化石。化石发现地最好的状态，就是它第一次被发现时的状态，不过，很多有100多年历史的发现地仍然能找到优质标本。最后一种方法是最困难的，但往往也是回报最丰厚的，那就是到别人未曾去过的地方实地考察。不能实地考察的原因也多种多样，比如过于偏远，或是有一些政治上的困难（如没有许可、存在社会问题、发生战争、不法分子横行等）。

一旦确定了工作区域，就要制订方案，通常会派一小队考察队员作为先遣队。在大多数情况下，考察队员都是轻装上阵——在一个没有重要化石的地区花费大笔资金或大量时间可不是一个好主意。当然，如果初步调查顺利，就会制订计划、筹集资金、甄选和招募人员、建立并安排基础设施了。

一旦到达指定地点，先要确定值得发掘的标本。在资源和时间都有限的情况下，不可能把所有的东西都挖出来。挖掘策略取决于现场的偏远程度、标本的大小、需要清除多少岩石以及沉积物的硬度。有时标本是在悬崖峭壁上发现的，那就需要用绳索和索具。如果在海岸发现恐龙化石，那就只能在退潮的间隙作业，这样一来时间窗口就会非常窄。

暴露在外的骨头首先要用特殊的胶水加固，这种胶水为文物修复师所常用，很容易被清除。接着，让沉积物越来越多地暴露出来，直到标本周围形成一道深槽。然后在暴露在外的含骨头岩石块上铺上几层软纸，用浸泡了熟石膏的麻布条或粗麻布将整个标本整齐地包裹起来，制成"皮劳克"[①]——这个过程跟给断骨打石膏的操作很相似。把标本下方的岩石凿去，然后把皮劳克翻过

[①] "皮劳克"是俄语的音译，意思是"石膏壳"。

▷ 本博物馆一支野外队伍正在蒙古戈壁沙漠的乌哈托喀骨床开采化石。

来，这个过程中，标本最好能完全保留在凿下来的岩石里。然后再重复铺纸、包麻布和打石膏这个过程，将标本连同埋藏标本的岩石完全包裹起来。

标本运到实验室后，制备师，也就是训练有素的技术人员，会把皮劳克打开。在清除岩石的过程中，制备师要用到很多工具，比如微型喷砂机、手提钻、极小极细的针和凿子。如今，一些辅助的手段已被采用，不仅能对岩块进行X射线检查，有时候还能做CT扫描，为制备过程提供了更多便利。之后，用聚苯乙烯泡沫做一个支架，这样就可以对恐龙化石进行研究了，有时候还会进行装架展出。

过去的几十年里，恐龙化石已经成为商品。虽然整个20世纪90年代化石销量都在增加，但真正让一切发生改变的是1997年的一次销售，一件名为"苏"的君王暴龙（Tyrannosaurus rex）标本引发了空前轰动。这件标本的经历相当不同寻常，可谓一波三折。

这件在美国的私人土地上发现的标本是迄今为止采集到的最完整的君王暴龙标本。与大多数国家不同，在美国，在私人土地上采集的化石标本属于土地所有者的财产。在其他国家，化石和考古文物是政府的财产。这件化石是以发现它的女士的名字命名的。她是发掘了该标本的商业古生物化石公司的员工。土地所有者和化石发掘者之间出现合同纠纷，随后进行的法庭诉讼又极富争议，最终化石被判给了土地所有者。

寻找购买者的口风虽然放了出来，

▷ 本博物馆古生物学家沃尔特·格兰杰在怀俄明州的"骨屋采石场"，这是本博物馆早期进行的开采项目之一。

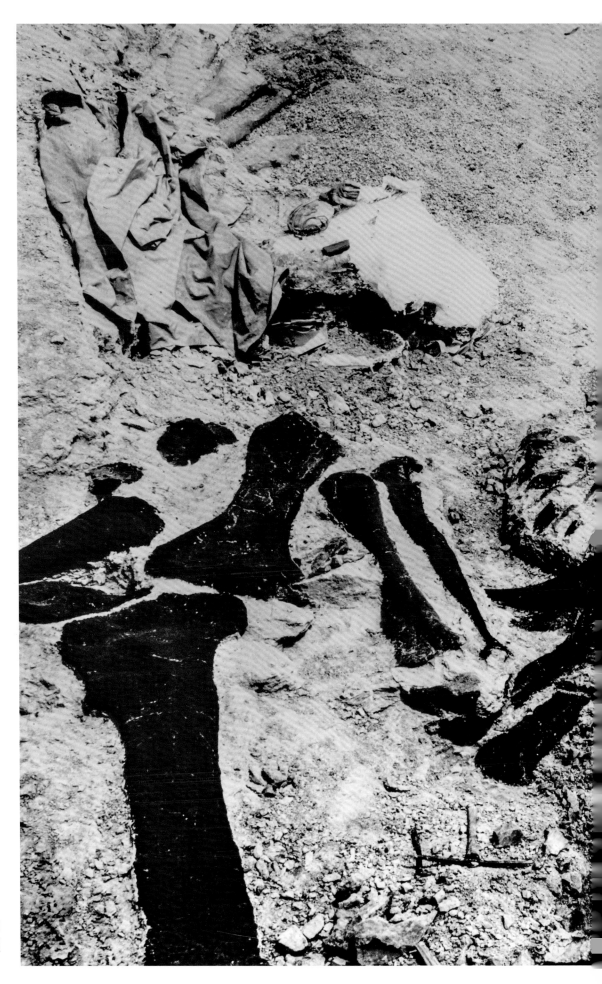

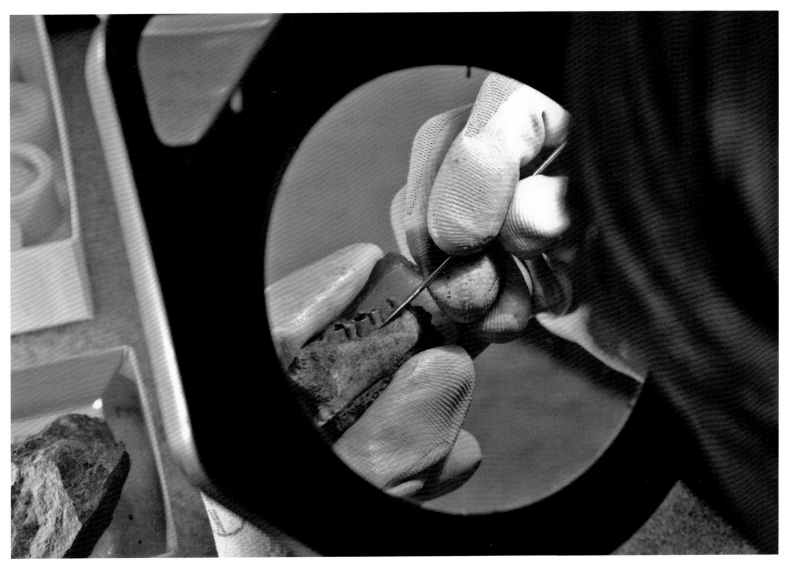

△ 采集之后研究之前，化石必须从岩块中提取出来，这就是制备过程。制备过程不仅费时费力，而且单调乏味，训练有素的技术人员才具备所需的眼光和手艺。

◁ 芝加哥菲尔德自然史博物馆展出的"苏"的标本。这是迄今为止发现的最完整的君王暴龙标本。

却一直没有人出面。最后，这件标本被拍卖。1997年10月，苏富比拍卖行进行了这次拍卖，地点是在纽约。拍卖结果让所有人瞠目结舌，全球媒体竞相报道。拍卖行给出的估价上限不过是略高于100万美元，而拍卖结束时的落槌价加佣金高达836万美元，由位于美国伊利诺伊州芝加哥的菲尔德自然史博物馆拍得。这次出售让恐龙圈内人士大为震动，并永远地改变了恐龙古生物学的世界。古生物标本不再仅仅是古怪的古生物学家、博物馆的常客、儿童和书呆子才会关注的主题。如今，化石已经成为人人津津乐道的话题。

这件事有利有弊。化石的知名度提高可能是一件好事，让各机构认识到这些标本所具有的价值（不仅仅是科学意义上的价值）。但同时也带来了一些问题。化石产区的土地所有者不再像过去那样，愿意让各机构的古生物学家在他们的土地上工作。相反，他们把自己的土地租给商业机构来运作。化石的货币化也导致世界各地的"盗猎"活动日益猖獗。

这里举一个最知名的案例。2012年，纽约市的海瑞得拍卖行打算出售一只勇士特暴龙（Tarbosaurus baatar），这种恐龙是君王暴龙的近亲。这件出现在拍卖图录封面上的标本，被认定为违反蒙古法律从该国走私出境的标本。尽管蒙古政府一再要求不得进行拍卖，并聘请了一名美国律师试图阻止，但海瑞得还是按计划进行了拍卖。该标本以略低于100万美元的价格拍出，但买方却并未露面领取。这一次，司法机器发挥了作用，标本被联邦政府扣押，然后送回到蒙古首都乌兰巴托，今天仍可以在这座城市看到。然而令人遗憾的是，从蒙古、中国和美国偷猎出来的很多重要标本仍在黑市上交易。

恐龙生物学

　　我们没有办法直接观察并研究恐龙。我们既不能给它们测量体温、心率、血压、速度、肺活量，也不能观察它们交配和产卵、食量有多大、行为方式如何、怎样吸引配偶、如何保卫领地。然而，我们已经可以利用一系列手段来确定跟恐龙有关的很多事情。其中最有效的手段是比较法的实证应用。通过研究今天仍然活着的动物，我们能够对已经死亡了千百万年的生物做出可靠合理的推断。

　　这种方法的原理是，利用现生动物以及现生动物之间的关系来预测未必能以化石形态保存下来的特征。与传统恐龙亲缘关系最近的现生动物是鸟类（参见"鸟类与恐龙"，第222页）。鸟类是恐龙的一种，属于爬行动物，就像人类是灵长类动物（类人猿和猴子）的一种，属于哺乳动物一样。在"恐龙是什么？"这一章中，我们讨论了主龙类的家族树，并对鳄系和鸟系如何区分及其各自的多样性进行了界定。在现生动物当中，与鸟类亲缘关系最近的是鳄类，这两者之间的关系可以帮助我们理解恐龙生活方式的方方面面。

　　这里可以做一个简单的类比：与人类亲缘关系最近的现生生物是黑猩猩。我们与黑猩猩有很多共同特征，这是因为我们与黑猩猩的共同祖先身上就存在这些特征，而作为后裔的我们保留了这些特征。（我们假定，这些特征不是独立演化而来的。）

　　与黑猩猩相比，南方古猿等类人猿与人类的关系更密切，但我们对它们的了解并不多，因为我们所拥有的无非是一些微不足道的骨架化石。尽管其毛发没有保存下来，但每一种解释都认为，南方古猿身上都覆盖着数量不等的毛发。为什么这么说？因为南方古猿虽然与人类的关系更密切，却是由黑猩猩与人类的共同祖先演化而来的。在没有其他证据的情况下，我们可以预测，所有这个共同祖先的后代都有毛发。

　　我们可以用同样的方法来观察鳄类和鸟类，找到两者间共同的特征，并预测非鸟恐龙也会有这些特征。比较有说服力的例子包括，它们都是在巢中产卵（从未发现过胎生的鳄类或鸟类），它们都有高级的循环系统（这两种现生群体的心脏都有四个心室，因而从生活方式而言，它们比其他爬行动物更活跃），它们都有高效的肺，空气从一个方向进入肺部并流经气体交换的膜组织。就算一块恐龙化石都不看，我们也可以确定，上述以及其他更多共同特征，都存在于非鸟恐龙身上。

　　其他数据集直接利用化石向我们提供有关恐龙生物学方面的信息。通过对这些信息进行分析，我们可以了解恐龙是如何生活的。从形体上来说，恐龙是一个多样化水平非常高的群体，既包括能飞行的小个子，也包括陆生的庞然大

△ 主龙类的双肺非常令人耳目一新。大型气囊能存储空气，而且与人类不同的是，吸入的气体（新鲜空气）不会与呼出的气体（氧气含量变少）混合。图中所示为本博物馆的一个展示品，有色区域为重点标识出来的气囊。

△ 现生鳄类（比如图中所示短吻鳄）会筑巢，而且也会保护巢穴，一直到小鳄鱼破壳而出。在某些情况下，亲鳄也会帮忙把刚刚孵出的小鳄鱼从植被覆盖的巢穴中挖出来。

物。据此推测，从生物学特征来讲，其多样化水平性必定同样不遑多让。有很多书都专门探讨过这一话题，但在本书中，我们只是简要提及，并在后续章节中针对某些恐龙做进一步讨论。

行为

鳄鱼和大多数鸟类都是社会性动物。我们已经知道，鳄鱼会合作捕猎，还会守护自己的巢穴。据推测，这种行为在非鸟恐龙中也存在。有大量证据表明恐龙有社会性行为。化石足迹表明，成群的蜥脚类会步调一致地行走，集群死亡（成群的恐龙在一次事件中全部被杀死）的情形也同样存在。针对某些兽脚类恐龙的狩猎能力有过很多推测，而推测的基础就是它们的牙齿，以及对头骨和骨架的工程学分析。关于植食性恐龙的进食行为，我们也有相当的了解，同样地，这些研究也主要集中于牙齿。在鸭嘴龙和角龙类等鸟臀类恐龙群体当中，这个方向的研究尤为发达。

鸟类的呼吸系统

锁骨气囊肱骨憩室

肺

腹部气囊

颈部气囊

锁骨气囊

胸前气囊

胸后气囊

◁ 鸟类极其复杂的肺。所有这些气囊配合工作，打造出了所有脊椎动物中最高效的呼吸系统。

由于非鸟恐龙多样化水平非常高，因此毫无疑问，它们在行为、进食偏好和策略方面有着极大的不同，而且有可能跟我们今天在哺乳动物中观察到的情形相当。就如同恐龙生物学的其他方面一样，这一领域的文献可称汗牛充栋，但相关研究则仍处于非常初步的阶段。

生理学

所有证据都指向这样一种观点：恐龙的智力水平很高，而且相当活跃。大量证据显示，恐龙是温血动物，尽管并非所有恐龙都像现生鸟类一样拥有高超的体温调节能力。证据来自这样一个事实：它们的呼吸系统非常高级。对人类来说，我们吸气和呼气都要经过肺。如果人类肺的效率能够达到100%，那么我们就能摄取空气中50%的氧气，并将身体内50%的二氧化碳重新排放到大气中。但实际上，人类的肺部从空气中摄取氧气的效率只有大约5%，而鸟类和鳄类的肺效率则要高得多，可能摄取超过25%的氧气。

对鸟类和鳄鱼来说，空气并没有直接进入肺部，而是先进入一系列气囊，然后从这些气囊进入肺部，在肺里进行气体交换，接着排到另一组气囊中，再排出。这个系统的独特之处在于，气体交换膜是逆流型的。简言之，就是当二氧化碳含量高而氧气含量低的血液进入肺部时，首先遇到的是来自外部的二氧化碳含量低而氧气含量高的空气。这为形成高效扩散梯度创造了非常好的条件，氧气会进入血液，而二氧化碳则进入空气。等到血液到达肺的另一端，氧气含量就会变高而二氧化碳含量降低，同时排出的气体中则二氧化碳含量变高而氧气含量降低。

大型气囊对这些动物的体重也具有重要意义，鸟类的骨骼与气囊密切相关，而且骨骼内部也有气囊。骨骼中存在气囊的重要标志就是存在大型空腔和中空结构。就已经灭绝的恐龙而言，这一点我们理解得还不透彻，但在现生的恐龙当中，这些气囊不但能够与肺配合工作，还能减轻骨骼的重量。有迹象显示，在很多恐龙体内都存在气囊，而在蜥臀类恐龙中，这种迹象尤为明显。正是这个原因，使得估算恐龙（特别是蜥臀类）的体重，成为一件非常困难的任务。举一个典型的例子：如果我们要估算一只成年的鸡和一只幼犬的体重，尽管二者体形大小相当，但通常来说，幼犬的体重是鸡的两倍左右。幼犬的身体由肉和骨头组成，鸡的身体虽说也是由肉和骨头组成，但鸡骨头中充斥着大型气囊，因而大大降低了骨头的密度。

恐龙生理学中比较有争议的领域之一是温血问题。这个理论最早是在20世纪70年代初提出的，至今仍然争论不休。在现生动物当中，只有鸟类（活生生的恐龙）和哺乳动物有能力使自己的体温高于环境温度。现生鸟类的许多特征，如气囊、呼吸系统和四室心脏，使这种水平的新陈代谢成为可能。此外几乎可以肯定的是，羽毛能够起到保温毯的作用，帮助维持鸟类的体温，就像我们的毛发一样。

不过还有其他证据。有一项研究引起了非常广泛的关注，研究人员挖掘了整整一座采石场，在里面发现了大量恐龙化石。每一根骨头都进行了鉴定并分类，以确定它是温血动物（如哺乳动物）还是冷血动物（如鳄类、蜥蜴、龟鳖等）。很多体形大小不一的动物化石都被精心收集起来。利用骨骼中保存下来的化学物质的比率，可以计算出已经死亡的动物或者已经成为化石的动物活着时候的体温。科学家发现，龟鳖类和鳄类如果体形较小，那么它们的体温会出现相当大的波动，但是随着体形越来越大，它们的体温也就越来越稳定。这是因为动物的体形越大，保存热量的能力就越强。你在自己的家里就能观察到这个现象：一只6千克重的火鸡在冰箱里冻透所需的时间要比一只500克

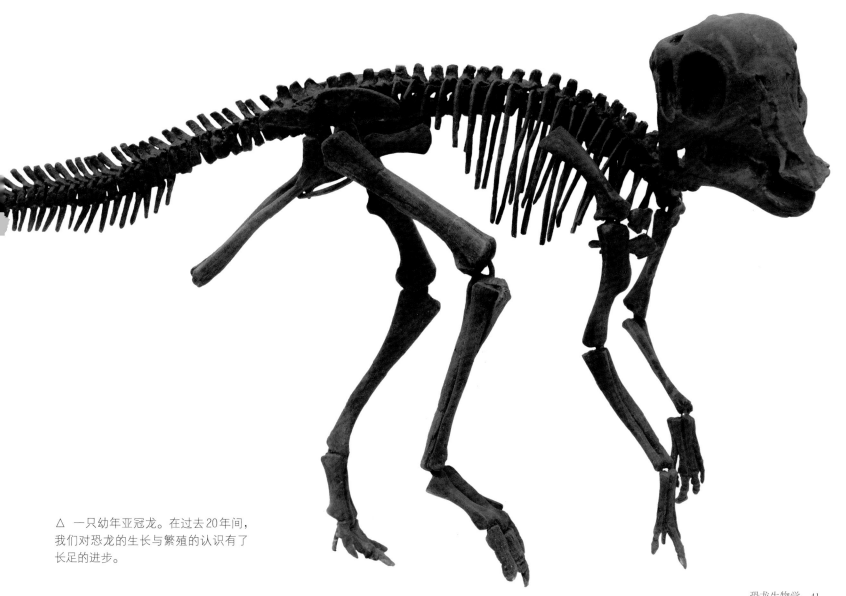

△ 一只幼年亚冠龙。在过去20年间，我们对恐龙的生长与繁殖的认识有了长足的进步。

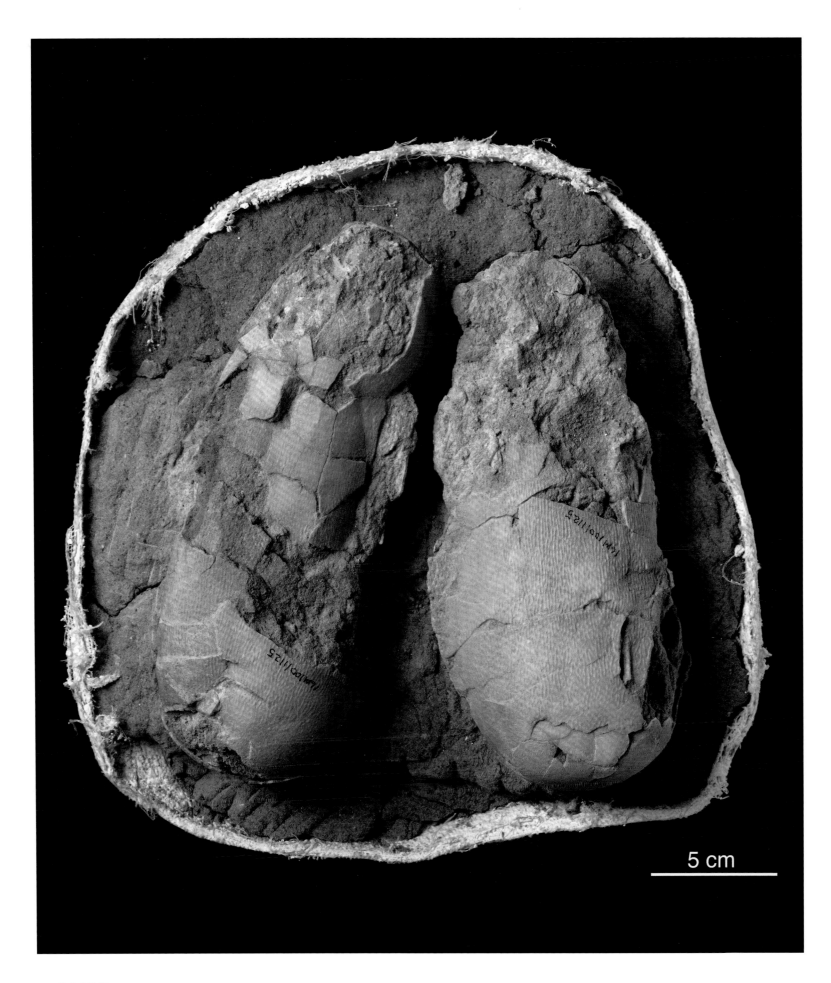

5 cm

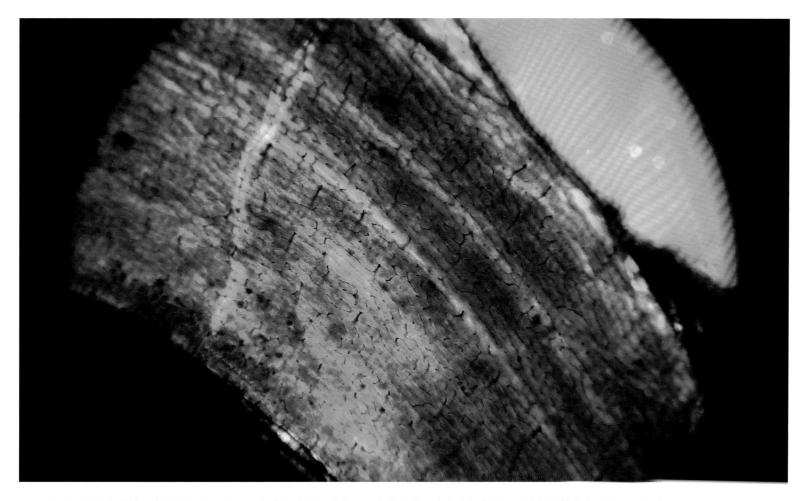

△ 图中所示为非常薄的恐龙骨骼切片，仔细观察我们就能知道这只恐龙的年龄。在这件标本中，就连包裹着非常小的骨细胞的空腔都保存了下来。

◁ 成对排列的窃蛋龙类恐龙的蛋，发现自戈壁。这种情形表明窃蛋龙每次生两枚蛋。

的童子鸡冻透所需的时间更长。用科学术语来说，这就是热惯性，我们在加热过程（如大冰块的融化速度比小冰块慢）或冷却过程中都能看到这种现象。我们知道，在清晨的时候摸大块的石头会发现石头还是热的，这是因为前一天中吸收的热量还未完全散去，而相同材质的小块石头则已经变凉了。然而，研究人员发现，这些恐龙（都是鸭嘴龙，跟现生鸟类的关系相当远）的情形不太一样：不管体重多大，它们的体温都能保持稳定。这是非常有说服力的证据，表明恐龙具备创造代谢热的能力。如果不能自己产生热量，那么体形小的恐龙体温就会起伏很大，像冷血的蜥蜴、鳄类和龟鳖类那样——但事实并非如此。小恐龙的化学体温调节能力与较大体形成年个体一模一样，这意味着在某种程度上来说，恐龙是温血动物。

其他方面的证据我们会在后面的章节中讨论。大多数证据都属于轶事证据[①]，比如行为、生长速度、生活环境。尽管如此，所有这些证据都指向一个方向，那就是非鸟恐龙可以产生代谢热，能将体温维持在大大高于环境温度的水平。

生殖

我们对恐龙生殖的了解较多。恐龙在巢中产卵。研究人员发现，有的巢是独立的，巢里面有恐龙蛋，有的巢则是公共的。有些恐龙与鸟类关系较远，比如鸭嘴龙和蜥脚类恐龙，它们的蛋几乎都是圆形的，与大气进行气体交换的气孔在蛋壳表面均匀分布。与鸟类关系较为密切的恐龙的蛋则呈长椭圆形，不对称，气孔集中在一端。

① 指的是这个证据是来自轶事事件，由于样本比较小，没有完善的科学实验证明，这种证据有可能是不可靠的。

与鸟类亲缘关系较远的恐龙的巢中，蛋的排列几乎没有什么规律可言，随机性很大。偶尔的情况下可以确定，有些蛋是成对的。这是因为雌性恐龙一次产两只蛋；每条输卵管产一只。在现代鸟类起源的时间点附近，其中一条输卵管消失了，现生鸟类体内只有一条功能正常的输卵管。在兽脚类演化到某一阶段时，恐龙蛋的排列开始变得有序，巢也开始有模有样。这种情形在窃蛋龙这个类群中尤为明显。

非鸟恐龙的生长速度很快，虽然没有鸟类快，但比它们的鳄类近亲快。在家族树上，越接近鸟类的位置，恐龙的生长速度就越快。有关非鸟恐龙类群，人们常会感到惊讶的一个事实是，很少有恐龙能生长到完全成年。我们之所以能这样断言，是有骨骼组织学证据为基础的，也就是说，只要看一下骨骼的横截面，就可以确定这些动物死亡时最大能有多大年纪。

其中最优秀的一项研究考察了君王暴龙的生长情况。君王暴龙的生长速度非常快。对任何一种动物来说，要想长得比祖先更大，通常有两种途径。其一是生长速度更快，其二是生长期更长。生长速度和生长期都可以直接测量，因为这些动物骨骼中有年轮（annual lines），记录了生长情况。这些年轮被称为"停滞生长线"（LAG），跟树的年轮类似，通过骨骼的横截面可以观察到。如果动物个体快速生长，轮间距就比较大。等到动物个体到了成年并停止生长，轮间距就非常小，有时甚至彼此相连难以区分。君王暴龙有很多体形相对较小的近亲，比如艾伯塔龙。如果对这些动物的LAG与其他暴龙类进行比较，我们就会发现，所有这些恐龙都在大约18岁的时候成年。其中的差别在于，在13岁到19岁期间，君土暴龙生长速度非常快，体重每天增加高达2千克。

生物力学

通过先进的计算机模拟技术，我们可以精确计算君王暴龙的速度。先对骨架进行建模，然后将肌肉附着到骨骼上。脊椎骨上有粗糙的斑痕，说明这是肌肉附着的地方。除了尾部，君王暴龙的解剖结构与鸡基本相同，因此这些斑痕附着的肌肉可以与已知的鸡的肌肉相对应。

△ 研究生物力学的科学家能够把恐龙骨架简化为工程型式。他们利用这种方法来确定动物的速度和体态。

△ 君王暴龙的牙齿让人望而生畏。在所有已知动物当中，君王暴龙的咬合力堪称最强，咬碎骨头也不在话下。

接下来把关节间的运动角度与肌肉力量值一起输入模型。肌肉力量值以肌肉最宽处的横截面为基础计算得出。输入模型的数值从小到大各不相同，但全都在合理范围之内。这种方法叫作敏感性分析。通过输入不同大小的肌肉数据，相应地会得出一系列不同的奔跑速度数据。模型运行起来之后，就可以计算速度了。就君王暴龙而言，最高速度大约是19千米/时。考虑到体重，君王暴龙不大可能长时间保持最高速度，而且即使全速奔跑，也跑不过人类。

运用建模的方法，我们还能考察君王暴龙的进食机制。已经有人计算得出，君王暴龙的咬合力是所有已知生物中最大的，超过了3622千克，相当于一辆小卡车的重量，超过了两辆Mini Cooper的重量。这个力量非常之大，如果咬穿骨头，骨头就会爆开。这种力度的攻击绝无仅有，表明君王暴龙的进食策略也相当不同寻常——猎物是因遭受外伤而死掉的。恐龙粪化石中发现的大量骨头碎片（表明在消化的过程中这些骨头就是碎片状的）在某种程度上证明了这一点。

尽管如此详尽的研究尚未应用于许多其他恐龙，但这是一个良好的开端，我们已经有能力更好地了解这些不可思议的动物。

恐龙分类

"恐龙是什么？"这一章讨论了有关恐龙谱系树的主流观念。虽然近期出现了一些挑战，但还不足以推翻19世纪确立的现行规则：恐龙分两类，分别是蜥臀类和鸟臀类。

至少在2.5亿年前，主龙类分成两个分支，其中一类是鸟系，包括恐龙、翼龙类和鸟类；另一类是鳄系，包括短吻鳄、鳄类及其许多现已灭绝的近亲。

如今，许多人都认为鳄类是令人生厌、主要生活在水中的肉食性动物。然而考察鳄类的早期历史可以发现，那时它们的多样性水平比现今要高得多。很多鳄类是完全陆生的四足动物，是顶级肉食者。例如，生活在当今巴西的迅猛鳄（Prestosuchus）体形跟老虎差不多，绝对是顶级肉食者。而其他的鳄类，如水生的植龙，则扮演着类似今天鳄类的角色。

其他鳄系主龙类还包括灵鳄（Effigia）等动物，灵鳄生活在晚三叠纪世，栖息地在现在美国的新墨西哥州。灵鳄没有牙齿，双足，它所处的生态位可能跟似鸟龙类差不多。

鳄系中一些成员看起来像穿山甲或犰狳，被称作坚蜥类（Aetosaurs），它们身披骨质铠甲，身上有尖刺。坚蜥类数量不多，体形也不是很大，只有大约1米长，是一种谜一样的生物。它们的牙齿很小，科学家对它们的食性和行为知之甚少。

随着现代鳄类多样性演化的进行，一些令人赞叹的动物开始出现。其中一个类群，地蜥鳄类（Metriorhynchid）甚至生活在海洋中。这种动物是捕食者，体形巨大，凶猛可怕，它们所处的生态位与今天的大白鲨相当。

即使是与23种现生鳄类的亲缘关系相当密切的动物类群，分异度水平也相当高。其中有体形极小、完全陆生、背生尖刺的种群，如戈壁鳄（Gobiosuchid），它们的四肢跟意面差不多粗细；也有体形巨大、无牙、头骨近两米长的种群，它们是水生物种，头骨既长且平，看上去就像是冲浪板。在今天的南非和美国的得克萨斯州，曾生活着一些体形巨大的鳄类，头骨长度超过了1米。在非洲曾生活着一些体形特别

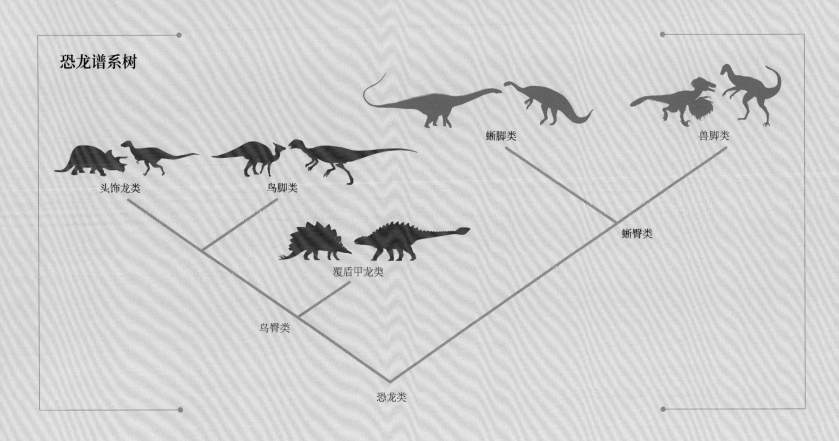

恐龙谱系树

头饰龙类　　　　鸟脚类　　　　　　　　蜥脚类　　　　　　　兽脚类

覆盾甲龙类

蜥臀类

鸟臀类

恐龙类

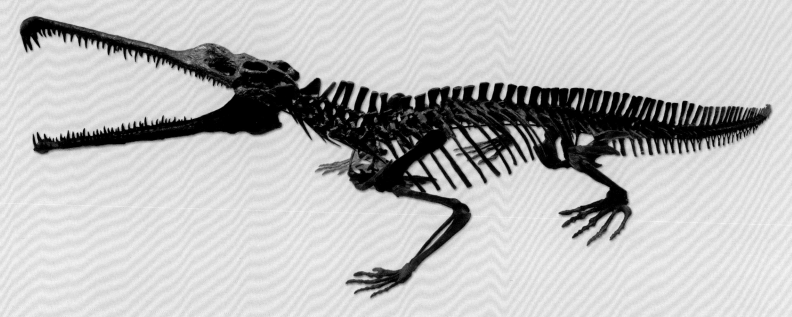

△ 一只植龙。植龙不是恐龙，而是鳄系主龙类的一个早期代表。

巨大（11米）的类群。据信，两种曾生活在非洲和北美洲的鳄类——帝鳄（Sarcosuchus）和恐鳄（Deinosuchus）都以恐龙为捕食对象。这两种鳄类体形非常之大，据估计体长接近18米。另外还有一些长相怪异的鳄类，比如锯齿鳄类（Pristichampsidae），它们生有蹄和尖刀一般的牙齿，在传统恐龙灭绝后的一段相对不长的时间内，曾是顶级肉食者。甚至还有一些鳄类长出了哺乳动物式的多尖牙；另外有一些鳄类的牙齿特别大，呈球状，专门以蛤蜊或海龟为食。

如今现生的鳄类有23种，多样化水平已大大退化。这些鳄类看上去都很相似，身体结构非常保守。其中体形最大的是咸水鳄（湾鳄，Crocodylus porosus），最长能达到6.2米。除了一些种类的短吻鳄，所有现生鳄类都生活在环热带。

鸟系主龙类同样也是第一支主龙类的后代，而且也同样复杂。这一系的早期历史我们了解不多。颇有一些符合其早期历史的鸟系物种化石保存了下来，但保存状况不佳。翼龙类也是非常重要的一个类群，它们是恐龙的近亲，多样性水平非常高，仅次于鸟类。作为一个类群，翼龙类取得了难以置信的成功，它们常常被称为翼手龙（Pterodactylus）或是"会飞的恐龙"，但这两种说法都不够准确。翼龙类是真正实现了动力飞行的第一批脊椎动物。它们最早出现在晚三叠世，化石在全球各地都有发现。它们的体形差别很大：有的极小，甚至比家麻雀还小；有的则极大，翼展接近20米，相当于一架小型飞机。然而，它们的骨架非常特异化，我们无法从中读取有关始祖恐龙的太多信息。不过，如果有人能亲眼看到它们滑翔、捕猎、振翅、在天空中翱翔，肯定会眼界大开。总而言之，恐龙（暂不考虑近期对此提出挑战的一些理论）分为两种类群，即蜥臀类和鸟臀类。这里我们列出了后面的章节中将详细介绍的恐龙谱系纲要图（另请参阅第51页的谱系树）。

就本书而言，蜥臀类又分为蜥脚类（巨型恐龙）和兽脚类。原始蜥脚类被称为原蜥脚类（Prosauropod），这个类群中的物种来源可能并不单一，其中某些物种与较高级物种的关系可能更近。其中一些物种，比如板龙（Plateosaurus），较为原始；其他的一些物种，比如近蜥龙（Anchisaurusare），可能与梁龙（Diplodocus）等更高级物种的关系更近。较原始的蜥脚类具两足，颈及尾相对较短。较高级的蜥脚类有长颈、长尾。地球上出现过的体形最大的陆生动物都是这一类群的成员。科学家们认为，蜥脚类全部都是植食性恐龙。

兽脚类大多数是两足动物，但也有为数不多的兽脚类，比如棘龙（Spinosaurus），有时也可能会四足行走。我们对这一类群的大多数成员，包括如埃雷拉龙（Herrerasaurus）和太阳神龙（Tawa）等奔跑速度很快的小型双足恐龙，并没有多少了解。下一个层级是新兽脚类（Neotheropoda），其中最原始的恐龙是腔骨龙类（Coleophysid）。就本书中所涉及的物种而言，腔骨龙（Coelophysis，参见第54页）是一个很好的例子。从谱系树中可以看到，兽脚类中下一个更为高级的类群是鸟吻类（Averostra）。第一个从这条支系分离出来的类群是角鼻龙类（Ceratosauria），其中包括角鼻龙（Ceratosaurus），和主要生活在南半球的阿贝力龙类（Abelisaurs）等恐龙。所有这些恐龙都是体形巨大、双足行走的捕食者，其中很多种恐龙长有精美的头饰及角。

△ 一名技术人员正在清理装架好的似鳄龙骨架的灰尘，似鳄龙属于棘龙类，长相非常怪异。恐龙身体型式的多样性水平非常高，每一个新发现都可能让人啧啧称奇，就连专业人士也不例外。

越往谱系树的高处走，我们发现，这些动物就变得越熟悉、越有名。坚尾龙（Tetanurae）类是一个大家族，多样化水平很高，其中包括现在人们耳熟能详的大多数兽脚类恐龙以及鸟类。这个类群中最基础的恐龙类群是巨齿龙类（Megalosaurs），其中巨齿龙（Megalosaurus）是最早被命名的恐龙之一。巨齿龙类包括已知恐龙中一些最特异的家伙，棘龙就是其中之一，这种恐龙最长可达14米，长着巨大的背帆，口鼻部很长，嘴里满是尖利的牙齿。科学家们认为，它们生活在沿岸地带，以鱼为食。

到了鸟兽脚类（Avetheropoda），恐龙就变得更加高级。第一个分离出来的分支是异特龙类（Allosauroidea）。一般来说，这个类群的恐龙很广，但除了异特龙（Allosaurus，见第62页）外，都不是特别出名。异特龙类之后，就是兽脚类（Theropoda）中的明星类群——虚骨龙类（Coelurosauria）。

虚骨龙类的涵盖范围非常广，大到君王暴龙（见第70页）小到蜂鸟，囊括了所有有羽毛的类鸟恐龙和真正的鸟类。它们大脑发达，有高级的行为，并演化出了几乎所有被大多数人认为鸟类专属的特征。

谱系树的另一侧是鸟臀类，这个类群也同样复杂。这个类群的底部是小型、原始的双足恐龙，如异齿龙（Heterodontosaurus）和莱索托龙（Lesothosaurus）。所有鸟臀类恐龙都是植食性动物，它们也不例外。直到早侏罗世，更多种类的恐龙才被辐射分化出来种类，多样性大大提升。这些恐龙被统称为颌齿类（Genasauria），第一个分离出来的分支就是覆盾甲龙类（Thyreophoran）。

在所有恐龙之中，覆盾甲龙类是最令人费解的类群之一。这个类群的成员以其体外装饰物闻名，包括体甲、尖刺、骨板和尾锤。有些成员体形非常大。古生物学上的难题之一就是：这些恐龙体形如此之大，但嘴却如此之小，牙齿也不够强，这些特征之间如此明显的冲突该如何调和？这些不同寻常的生物在全球都有分布，通常可以分为两个子类群。其中之一是剑龙，通常也称作板盾龙。（板盾龙这个称呼不太合适，因为有些剑龙并未生有骨板，而是长有长长的尖刺。）另外一个子类群就是甲龙。通常来说，甲龙体形巨大，行动迟缓，跟坦克差不多。不过，最原始的甲龙体形一般不大。覆盾甲龙类的化石记录相当丰富，但常常让人摸不着头脑。尽管我们对这类恐龙的形态生物学特征知之甚详，但相对而言，对骨板的功用或它们的食性所知不多。

谱系树再往上走，就到了形体更加高级的角足龙类（Cerapoda）。角足龙类的存在，使鸟臀类恐龙的多样性极大提高。就像今天的食草动物一样，角足龙类是与不断变化的地理环境和不断演化的植物群落一同演化的。角足龙类数量非常庞大，就像在当今世界，任何一个动物区系中，植食者的种类都多于肉食者，中生代的情形也是如此。角足龙类包括两个子类群，不但分布广泛，而且广为人知。

鸟脚类便是其中一个子类群。这个名称确立于19世纪，之所以如此命名，是因为它们的脚上有三个主要的脚趾，全都指向前方。从表面上看来，这和现生鸟类的情况很相似，尽管鸟脚类与现生鸟类亲缘关系并不近。原始鸟脚类通常被称为棱齿龙类（Hypsilophodontid），包括奇异龙（Thescelosaurus）和棱齿龙（Hypsilophodon）等（见第204—207页）。棱齿龙非常常见，也非常有趣，某些特征相当不同寻常，比如怪牙和大眼睛。科学家们认为，这个类群的恐龙与较为高级的鸟脚类——鸭嘴龙类关系更近，而与奇异龙类（Thescelosaurus）关系较远。

鸭嘴龙是最让人着迷的恐龙类群之一，多样性水平和独特性都是其他恐龙无法比拟的。已知的鸭嘴龙类恐龙有几十种，几乎所有种都有一个大而扁平的口鼻部（正因如此，它们才得到了"鸭嘴龙"这个名称），许多种的头骨上都有精致的头冠。虽然对特定种类的鸭嘴龙来说，头冠的功用存在着激烈的争论，但科学家几乎一致认

△ 一只只有蝙蝠大小的翼龙，它生活在早白垩世，发现自中国。这只翼龙身体覆盖着绒毛，可能与恐龙的 I 型羽毛存在关联。翼龙是恐龙的近亲，但不是恐龙。

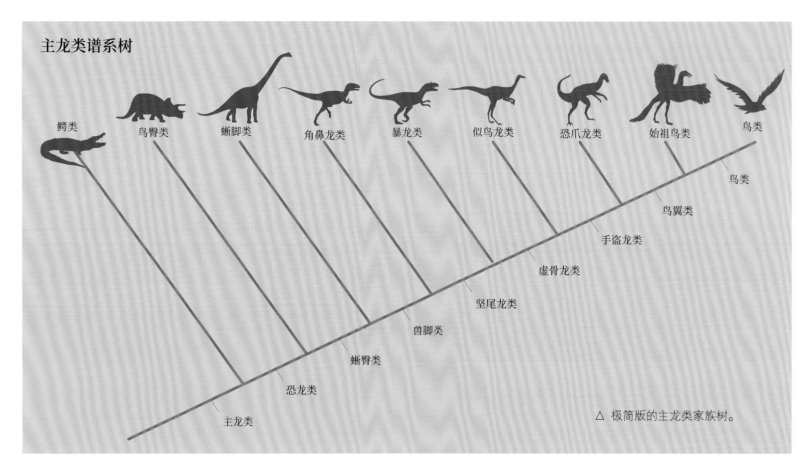

主龙类谱系树

鳄类

鸟臀类

蜥脚类

角鼻龙类

暴龙类

似鸟龙类

恐爪龙类

始祖鸟类

鸟类

鸟类

鸟翼类

手盗龙类

虚骨龙类

坚尾龙类

兽脚类

蜥臀类

恐龙类

主龙类

△ 极简版的主龙类家族树。

为，头冠具有一定的展示功能，作用跟现生的羚羊等动物的角差不多。

　　角足龙类的另一个子类群是头饰龙类。这个子类群包括奇特的、头部圆圆的恐龙——肿头龙类（Pachycephalosaurs），以及长角的角龙类。所谓的头饰，指的是头骨后部区域生长的骨质凸起。与鸭嘴龙一样，这个类群也非常成功，几乎全球都有分布，而且多样性水平很高，头骨上也长有奇特的结构。尽管看上去让人感到害怕，但事实证明，尖刺和头盾几乎无法防御大型捕食者的攻击。实际上，此类头饰的作用很可能是用来展示；不管是为了识别同类、恐吓捕食者还是吸引配偶，它们的头饰在恐龙世界都可谓独树一帜。

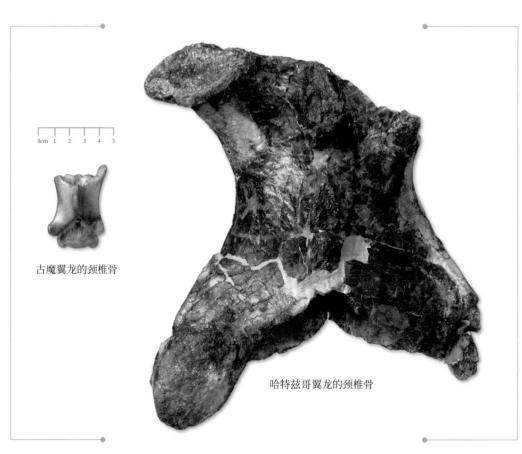

0cm 1 2 3 4 5

古魔翼龙的颈椎骨

哈特兹哥翼龙的颈椎骨

△ 一些翼龙体形非常大。右侧的颈椎骨来自一只翼展可能超过17米的翼龙。

主龙类谱系树

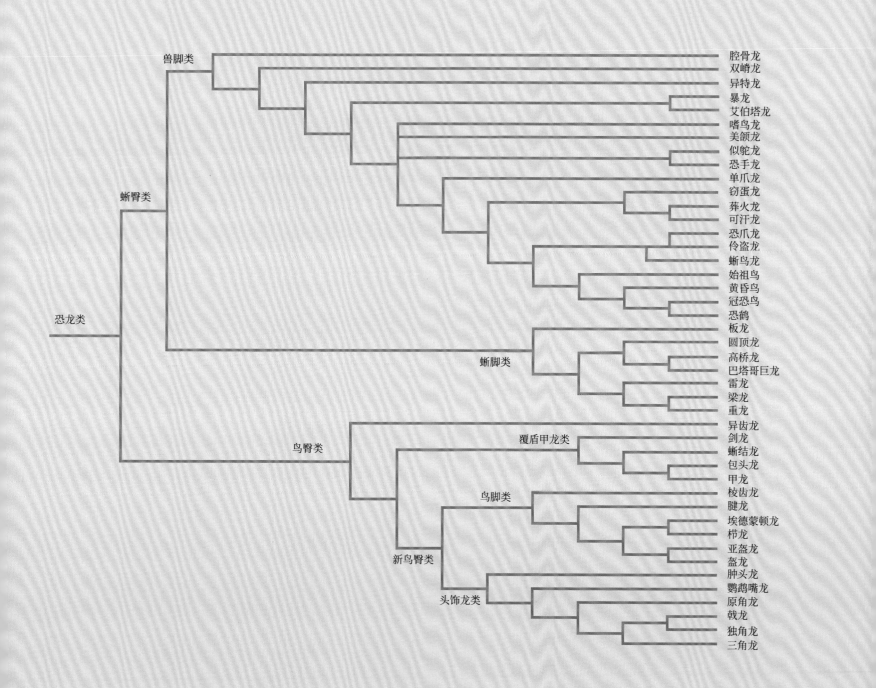

兽脚类
腔骨龙
双嵴龙
异特龙
暴龙
艾伯塔龙
嗜鸟龙
美颌龙
似鸵龙
恐手龙
单爪龙
窃蛋龙
葬火龙
可汗龙
恐爪龙
伶盗龙
蜥鸟龙
始祖鸟
黄昏鸟
冠恐鸟
恐鹤

蜥臀类

蜥脚类
板龙
圆顶龙
高桥龙
巴塔哥巨龙
雷龙
梁龙
重龙

恐龙类

鸟臀类

覆盾甲龙类
异齿龙
剑龙
蜥结龙
包头龙
甲龙

鸟脚类
棱齿龙
腱龙
埃德蒙顿龙
栉龙
亚盔龙
盔龙

新鸟臀类

头饰龙类
肿头龙
鹦鹉嘴龙
原角龙
戟龙
独角龙
三角龙

蜥臀类

兽脚类
54

蜥脚类
134

鲍氏腔骨龙

晚三叠世

钦迪组

美国南部

　　腔骨龙是最早得到鉴定的原始兽脚类恐龙之一。"腔骨"这个词的意思是"中空的骨头"。之所以得到这样一个名字，是因为第一批发现的标本显示出了兽脚类恐龙（包括现生鸟类）的特征，即骨头中有大量气囊。

　　第一批发现的标本非常零碎。这些标本是由大卫·鲍德温（David Baldwin）在19世纪70年代的新墨西哥州北部收集的，当时这里还是存在争议的美洲原住民领地。鲍德温是柯普（E. D. Cope）团队的一员，才华横溢。尽管这些标本非常不完整，但柯普立即认识到它们非常重要，是一种非常原始的兽脚类恐龙。

　　腔骨龙生活在晚三叠世，距今大约2亿年；它的骨架是在美国西南部发现的。已经命名的动物中，有一些与腔骨龙十分相似，包括虚形龙（Rioarribasaurus）、敏龙（Longosaurus）以及合踝龙（Megapnosaurus），所有这些骨架都是在腔骨龙最初被发现的区域附近发现的，如今科学家们认为，这些恐龙与腔骨龙是同一物种。其他一些与腔骨龙类似的化石，比如在津巴布韦发现的坚足龙（Syntarsus），则是在数千英里之外的地方发现的。不过这种情形不难解释：在腔骨龙生活的时期，各大陆的排布方式与今天不同，当时整个大陆是一块整体，被称作泛大陆，因此，整个陆地各个区域的动物区系彼此类似也就是意料之中的事了，就像今天面积广袤的大洲上的动物区系也具有一致性一样。因为Syntarsus这个名字已经事先被一种甲虫占用了，现在很多古生物学家认为应该用Megapnosaurus取而代之。

　　腔骨龙是一种原始的恐龙，此外，还有其他一些理由，也使其引人关注。1947年，美国自然历史博物馆对新墨西哥州西北部进行了考察，发现了大量腔骨龙标本。这些标本是在一个叫作"幽灵农场"的地方发现的。这个名字非常引人遐想，当时这里是那些想尝试骑马和露营的"绿角"们的旅游之地。美国现代派艺术家乔治亚·奥基弗（Georgia O'Keeffe）每年都要来这里住上一段时间，她经常会到考察现场参观，她的许多画作描绘了这里的风景，还逼真地呈现了发现标本的岩石。博物馆实地考察队发现了大量的腔骨龙骨架，从未成年个体到成年个体都有。腔骨龙本身并不是很大，成年个体只有大约3米长，而且其中大部分是颈部和尾部，因此通

△ 1947年，本博物馆古生物学家埃德温·科尔伯特和乔治·惠特克（George Whitaker）在新墨西哥州的幽灵农场发现了腔骨龙采石场。

常一块岩块就包含了很多只腔骨龙个体。

在幽灵农场采石场发现的化石几乎全部都是腔骨龙遗骸。不过也发现了其他一些物种，但是为数不多，包括陆生的鳄系主龙类、鱼类，还有镰龙类（Drepanosaur）这种不同寻常的爬行动物，以及并非恐龙的恐龙型态类。为什么会有这么多腔骨龙骨骼堆积在一起呢？背后的原因尚难以确定。通常来说，如果在一个层面发现大量化石，往往意味着只发生了一次事件；不过，这次事件好像并不是什么灾难事件。根据最新解释，幽灵农场的大量化石意味着这里曾经短暂存在过众多水塘，就像今天东非的季节性水坑一样。到了雨季，水塘会吸引大量动物前来，而到了季节更替的时候，动物们往往会因极度脱水而死亡。或许是它们行为模式的某一方面促成了这种骨架大量堆积的情形。另外还有一点旁证，那就是在非洲南部发现了与此非常类似的骨层，骨层里含有大量坚足龙化石。但这一理论存在一个问题，那就是它未能解释为什么这个遗址发现的动物大多数都是腔骨龙这种肉食者。在当今世界，生态系统中草食者的数量大大多于肉食者，鹿、羚羊、

△ 这件复原作品呈现出来的腔骨龙是一种弯脖子的肉食动物。胃内容物显示腔骨龙以小型爬行动物为食。

△ 新墨西哥州幽灵牧场发现的晚三叠世的腔骨龙骨床，这里保存着数百具腔骨龙的骨架。

兔子、瞪羚的数量要大大多于狼、猎豹、雪豹以及郊狼。不过，仅就这个角度而言，幽灵农场的情形并非绝无仅有，数个以恐龙骨架为主的化石遗址表现出了同样的模式，即肉食性动物所占百分比远远高出植食性动物。

由于幽灵农场采石场发现的化石数量既多，质量又好，研究者利用这里的化石进行了大量早期古生物学研究。与几乎所有恐龙化石遗址不同的是，这里的大多数标本都是完整连在一起的。从很多化石中甚至能够看出，有些恐龙的颈部向后反折，表明在埋葬之前可能出现过极度脱水的情形。有几具标本甚至在腹腔内发现了最后一餐的残余物。最初人们对这些残余物的解释是，这些是小型未成年腔骨龙的骨骼。当时人们认为，这个遗址内的动物全都是腔骨龙，而且腔骨龙曾以幼龙为食，由此获得了同类相食的名声。

存在争议的主要标本在美国自然历史博物馆的蜥臀类恐龙展厅展出。这件标本非常漂亮，为此人们还制作了一件青铜铸模，装饰在81街—博物馆地铁站的市中心B线和C线的墙上。一天夜里，一名研究生下班后离开博物馆。他对腔骨龙和其他晚三叠世主龙类的解剖学特征了如指掌，在等车的时候，他的目光落在了腔骨龙铸模上。他当时的第一印象是，这看起来并不像腔骨龙的骨头。在接下来的几天里，他仔细观察了展出的标本，然后确认了自己最初的观察。经过仔细比对，在一个小团队的帮助下，他以一般形态为基础，最终证明：从这些骨头的结构来看，它们并非未成年腔骨龙的骨头，而是属于鳄系主龙类。这样一来，埃德温·科尔伯特（Edwin H. Colbert）在其著作《幽灵农场的小恐龙》（*The Little Dinosaurs of Ghost Ranch*）中所普及的腔骨龙形象——令人恐惧、同类相食、体形瘦小——就要做出修正了，真相是腔骨龙是行动敏捷的机会主义捕食者。

△ 最初，人们认为腔骨龙会同类相食，因为在腔骨龙化石腹腔内发现了被认为同样属于腔骨龙的骨头。不过后续研究发现，这些骨头属于某些小型鳄系动物。

△ 幽灵牧场发现的很多标本之间存在着密切的关系，这表明当时发生了集群死亡事件。

魏氏双嵴龙

早侏罗世

卡岩塔组

北美

在电影《侏罗纪公园》中，给人留下深刻印象的反派之一——双嵴龙被塑造成一种长有头盾、能喷毒液的肉食性恐龙。这有什么证据吗？没有。双嵴龙体长大约6米，双足行走，距今大约1.96亿—1.83亿年前，它们生活在如今亚利桑那州北部的一片干旱地带。

双嵴龙是一种重要的恐龙，原因有很多。首先，从系统发生学的角度来看，它填补了较原始的兽脚类恐龙（如腔骨龙）和较高级的坚尾龙类之间的重要位置。另一个显著特点是，双嵴龙头上有两个头冠，"双嵴龙"这个词的意思就是"双头冠蜥蜴"。可以说，几乎所有恐龙都长有头冠，尤其是很多兽脚类恐龙，这一特征是在几个不同类群的恐龙之中独立演化而来的。

很多种恐龙的头冠长在口鼻部的顶端。大多数头冠的一个共同特征就是薄，真的非常薄，让人不禁怀疑：对一种活动能力很强的食肉动物来说，这样的头冠是怎么保住不折断的？双嵴龙和冠龙（一种暴龙类恐龙）的头冠都像纸一样薄。有关头冠的功用，科学家们提出了一些观点，包括调节体温（这种说法如今已经没什么人相信了）、物种识别以及性选择。既然所有已知的带头骨的标本都长有头冠，那么性选择可能就不是一个有力的解释。不过，从某些现生动物，比如犀牛、羚羊和大象来看，不管雄性还是雌性都有象牙或角，尽管尺寸存在差异。雄性的装饰物尺寸较大，一般被认为是用来吸引配偶，这也就是所谓的相互性选择。遗憾的是，我们所拥有的双嵴龙样本数量不够多，不足以验证这一假说（或者说，对任何其他种类的恐龙而言都是如此）。

我们拥有足迹证据的恐龙种类并不多，双嵴龙就是其中之一。尽管从全球的情况来看，恐龙足迹非常常见，俯拾即是，但我们常常遇到的一个难题是，某些足迹到底对应于哪种恐龙。我们有相当大的把握把这些足迹与双嵴龙联系在一起——虽然不是百分之百的确定。从纳瓦霍族[①]保留地最初发现双嵴龙化石几十年后，古生物学家几乎在同一骨床上发现了大量的恐龙足迹。有些人认为，这些足迹表明双嵴龙是成群结队地行动的，而另一些人则对此提出异议。不过，从这些足迹中明显可以看出一些极不寻常的东西。

在据推断为双嵴龙的足迹中，有几条沟槽显示

▷ 躺下来的双嵴龙。很有可能这并不是双嵴龙常规的休息姿态，这种恐龙更有可能像鸡一样蹲伏着休息。

① 美国最大的印第安人部落。

双峰龙的尾巴拖在了地上。其他任何恐龙足迹几乎都不具备这一特征，差不多所有证据都表明，那些恐龙的尾巴是与地面平行的，得到了连接在骨盆上的强硬的肌腱的支撑。由于沟槽并不连续，因此并没有证据表明双峰龙是像哥斯拉[1]那样拖着尾巴的，不过就某些个体而言，尾巴的确与沉积层有接触。这些足迹还保存了更难得一见的东西，那就是正在憩息中的恐龙。

有证据显示，手掌的印记保留了下来，这样的情形绝无仅有。憩息形成的凹陷位于一个山坡上，头部朝着上山的方向。这有可能意味着，对双峰龙来说，从斜坡上站起来可能比在平地上更容易，尽管没有证据表明双峰龙曾利用前肢来撑起身体。身体凹陷正中央的部分有一个足印，表明双峰龙离开休息地的时候身体健康，行动敏捷。

---

① 日本作家香山滋笔下的一种怪兽，直立行走，长尾拖在地上。

△ 很多几乎与双峰龙化石同时代的足迹都被认为是双峰龙留下的。不过，足迹的解读绝非易事。我们能够确定的一点是，这种动物当时非常常见。

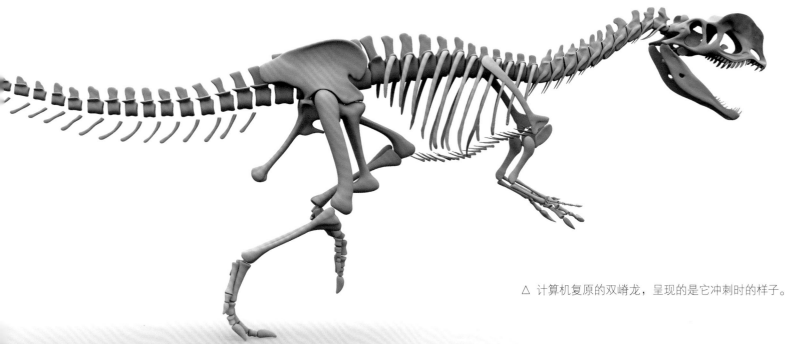

△ 计算机复原的双嵴龙，呈现的是它冲刺时的样子。

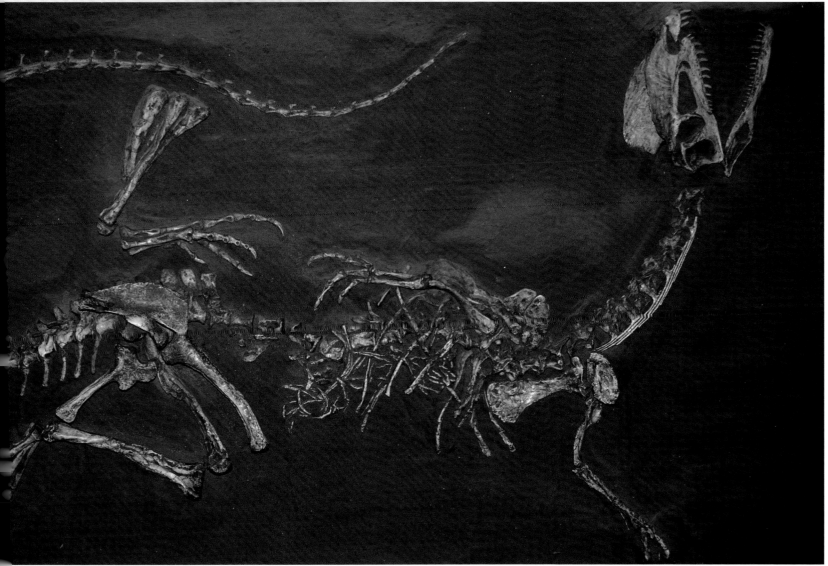

△ 这件双嵴龙标本显示，它保持着经典的死亡姿势：头部后仰。

脆弱异特龙

晚侏罗世

莫里逊组

北美洲西部

在人们所熟知的双足超级肉食者当中，异特龙登场时间最早。这是一种中等体形的肉食性恐龙，体长大约8米，生活在1.55亿年前，栖息地位于今天的北美洲中西部。在这个区域生态系统当中，异特龙、蛮龙（Torvosaurus）和角鼻龙（Ceratosaurus）并驾齐驱，共同处于顶级捕食者的位置。

我们对异特龙的了解来自数以百计的标本。马什和柯普[1]的野外团队早期发现的标本往往非常不完整。但也有例外。1877年，柯普派出的化石收集者在怀俄明州充满传奇色彩的科摩崖挖出了一件标本，后来在19世纪90年代，这件标本连同柯普的其他化石收藏被美国自然历史博物馆打包收购。柯普生前从未拆开过这件标本。直到研究人员打开并开始研究时，才发现，这竟是当时人们所知的最完整的大型兽脚类恐龙标本！1898年，这件标本被装架展出，很多人前来参观。本博物馆馆长亨利·费尔菲尔德·奥斯本，把这件标本摆出了一个栩栩如生的姿势：异特龙正在进食，而它口中的"佳肴"是一只迷惑龙（Apatosaurus）的尸体。受这个场面启发，查尔斯·奈特（Charles R. Knight）创作了一幅非常有名的画，描述的就是1.55亿年前的这一场景。这个骨架并未得到深入研究。从那时以来，又有很多新异特龙骨架被挖掘出来，其中一些骨架几乎毫无缺陷。在葡萄牙，也可能在坦桑尼亚，年代接近的岩石中还发现了与异特龙亲缘关系非常近的恐龙的化石。

在美国犹他州普罗沃市以南，有一个非常有名的化石遗址，这里挖出了数以千计的异特龙骨骼，分别属于不同年龄段的个体。这个遗址被称作克利夫兰—劳埃德恐龙采石场。尽管这个采石场也有其他物种的化石，但来自一种肉食性恐龙的骨骼竟然有如此之多，的确相当不可思议。因为通常情况下，肉食动物的遗骸要比它们的猎物的遗骸更为少见，而且二者数量相差悬殊。有人认为，这个克利夫兰—劳埃德恐龙采石场中间原本有一个水坑，形成了一个捕食者陷阱，异特龙可能因陷入黏稠、泥泞的沉积物中而无法自拔，只能任由骨架逐渐腐败、散落。尽管有些人认为异特龙可能结群狩猎，但几乎没有实际化石证据支持这一理论。

---

[1] 即19世纪美国两位极著名的古生物学家奥思尼尔·查尔斯·马什（Othniel Charles Marsh）和爱德华·德林克·柯普（Edward Drinker Cope），二人曾为寻找恐龙化石而展开激烈的竞争，共发现超过130种包括恐龙在内的古生物。

▷ 异特龙是一种存在感超强的恐龙，主要原因有两个：其一，它在恐龙发现历史上占据着重要位置；其二，它对恐龙科学产生了深远影响。图中所示是一只幼年个体。

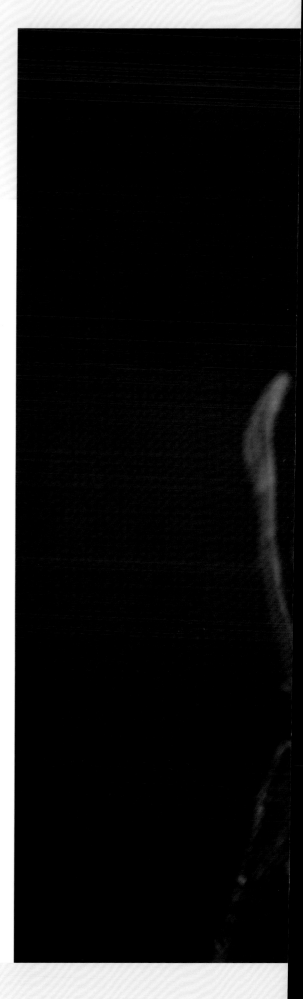

有大量证据表明，异特龙是活跃的捕食者。比如，有一节异特龙脊椎骨上发现有穿刺伤，这可能是被剑龙的尾巴扫到造成的。与暴龙类等大型兽脚类恐龙的典型特征一样，许多异特龙标本也都显示出生活艰难的迹象——几件标本都发现了多处骨折后痊愈的痕迹，应力性骨折的情形尤为常见。其中一只绰号叫作"大艾尔"的异特龙，有19块骨头要么断裂，要么出现骨感染迹象。这些伤可能是为了争夺领地或配偶而爆发的内战造成的，也有可能是在捕猎过程中形成的。

由于已知标本的数量较多，我们对异特龙的古生物学特征有了很详尽的了解。它生活的地点在现在的北美洲，是晚侏罗世占统治地位的捕食者。在晚侏罗世也有其他大型捕食者，但其出现的频率则要小得多。我们知道异特龙在20岁到28岁之间停止生长。据报道，有一件标本中发现了髓质骨，而在现生动物当中，只有会产卵的雌鸟身上才会出现髓质骨。尽管我们有可能凭借这个特点来区分雄性和雌性个体，但围绕这项证据一直存在争议。

这些标本大小各异，据测定，就身体比例而言，年轻个体的腿更长。就好比小狗的脚大得不成比例一样，大型肉食恐龙的腿长得较快。这也可能表明，年轻个体的狩猎策略与成年个体不同。在某些现生动物当中，同样存在这种情形：现生最大的蜥蜴——科莫多巨蜥（体长可达3米）刚孵出壳的幼体只有50厘米长。年轻的科莫多巨蜥以树栖为主，以昆虫和其他小型动物为食，而成年个体则有能力杀死大猪，

△ 这幅杰出的异特龙画作出自查尔斯·奈特（Charles R. Knight）之手，表现了上述装架作品中呈现的生活场景。

△ 早期化石动物装架作品中蕴含的工匠精神令人赞叹，其中呈现出来的美感今天已经很难复制。

甚至能杀死人类。跟科莫多巨蜥类似，异特龙在生长过程中，食性、栖息地和狩猎习惯可能会发生改变。有证据显示，异特龙可能存在同类相食的行为，有人曾在几乎完整的成年异特龙个体的肋骨附近发现幼年异特龙的牙齿。最后，与较高级的兽脚类恐龙相比，异特龙的大脑没有那么像鸟类，而且只有有限的双眼视觉。这进一步表明，异特龙的社会系统可能不像较高级的恐龙，即谱系树上更接近鸟类起源位置的恐龙，那样复杂。

△ 犹他州普罗沃市南部的克利夫兰—劳埃德恐龙采石场是一个异特龙骨床，这里保存了大量异特龙个体。

肉食艾伯塔龙

晚白垩世

马蹄铁峡谷组等

北美洲西部

　　在君王暴龙出现之前，艾伯塔龙是北美大部分地区的顶级食肉动物。它与君王暴龙关系密切，但体形比君王暴龙更轻盈。艾伯塔龙体长最高可达10米，体重可达2吨。

　　近几十年来，在北半球发现了许多新的暴龙类物种，除一部分是在亚洲发现的之外，其余几乎全部来自北美洲。这在很大程度上归因于这些恐龙活着的时候北半球的地理状况：如今的北美洲，在那时是两大块，一块在西一块在东，中间隔着一片很浅但很广阔的内陆海，从墨西哥湾一直延伸到加拿大。这片海域生活着各种各样的生物，既有沧龙类和蛇颈龙类这样的大型海栖爬行动物，又有巨型海龟和巨大的掠食性鱼类，长着牙齿但不会飞行的鸟类在海中追捕鱼类，巨大的翼龙布满天空。许多人认为，在白垩纪晚期，海平面开始下降，正是在此时，大型暴龙类从北美洲西部来到东部，并穿过白令海峡进入到了今天的亚洲。在这两片区域均出现了与君王暴龙关系密切的大型暴龙类，包括北美洲东部的阿巴拉契亚龙（Appalachiosaurus），北美洲南部的血王龙（Lythronax）、虐龙（Bistahieversor）和怪猎龙（Teratophoneus），以及亚洲的诸城暴龙（Zhuchengtyrannus）和特暴龙（Tarbosaurus）。

　　已经发现的艾伯塔龙有很多，本来还可以更多。蛇发女怪龙（Gorgosaurus）是否为一个独立物种曾存在争议，有人认为它也应划归为艾伯塔龙。然而，经过广泛的研究后认定，蛇发女怪龙可能的确代表了某个截然不同的物种。跟君王暴龙一样，这两种恐龙体形都很大，长有两指，不过毫无疑问的是，这两种恐龙的

△ 艾伯塔龙就相当于小型、轻量版的暴龙。它们生活的时间也稍早一些，但化石仍然相当常见。

△ 化石猎人查尔斯·斯滕伯格（Charles H. Sternberg）正在采集一只幼年艾伯塔龙的标本，如图所示，当时还处于采集的初步阶段。这件标本如今正在木博物馆的蜥臀类恐龙展厅展出。

咬合力要远远弱于君王暴龙。有关晚白垩世生态系统的发现越多，科学家们就越发倾向于认为，这两种大型捕食者在领地和食物供应方面存在区隔。这与现代生态系统的情形大致相同：大型猫科动物（狮子、猎豹、花豹等）生活在同一区域，但各自有不同的栖息地，各自捕杀不同的猎物。

　　绝大多数已知的艾伯塔龙标本都是在一个叫作"干岛骨床"的地方发掘出来的。干岛骨床遗址位于加拿大的艾伯塔省，在1910年由美国自然历史博物馆的古生物学家巴纳姆·布朗发现。布朗等人当时沿着红鹿河在艾伯塔进行考察，他们有时划桨，有时开动马达，让这条船沿河而下，每隔几天就停船靠岸，进行挖掘。作为一名坚定无畏的古生物学家，那段时间里布朗就住在这条平底船上，忍受着严酷的环境，还要与大量的蚊子搏斗，从这个意义上来说，他的考察颇具有传奇色彩。1997年，加拿大的一群古生物学家利用布朗留下的照片和笔记对这一地区重新进行了考察，挖掘活动一

△ 这是以前人们眼中的恐龙形象。尽管这只恐龙的尾巴没有拖在地上，但整个骨架的前面部分应该在向前倾，脊椎应该与地面平行。

直持续到2005年。他们不仅发现了布朗收集化石用的一些器具，甚至找到了收藏在美国自然历史博物馆的一些标本的其他部分。在这个采石场总共发现了26只恐龙遗体，是一个非常具有代表性的种群样本。

研究人员对这些骨骼进行了详细分析，发现可以构建出这些个体的年龄分布曲线（也就是生长曲线）。分析结果显示，跟其他较高级的暴龙类差不多，艾伯塔龙在17岁左右成年。在这群艾伯塔龙当中，很少有长到成年大小的，其平均年龄为14岁，其中年龄最大的28岁，体长8.5米；年龄最小的只有两岁，重约50千克。尽管艾伯塔龙的生长速度没有君王暴龙类那么快，但也绝对不慢，这就意味着亚成年个体的行为、习性和食性可能与成年个体并无不同。

△ 人们发现的非常多的艾伯塔龙的标本保存都非常完好，包括几只三维形态的头骨。

▷ 巴纳姆·布朗的团队在艾伯塔省的工作条件非常恶劣。能够接触到暴露的地点非常有限，所以他们只能生活在一条平底船上。他们留下的笔记中记载，蚊子、黑蝇和鹿蝇几乎将他们活活吃掉。

君王暴龙

晚白垩世

地狱溪组

北美洲西部

如果对本书做一次词语统计的话，在恐龙物种方面，君王暴龙的提及次数应该是最多的。如果一个人只知道一种恐龙，那很可能就是君王暴龙。

第一件得到确认的君王暴龙标本，是1902年巴纳姆·布朗在蒙大拿州东部发掘的。1905年，亨利·费尔菲尔德·奥斯本把这件标本命名为君王暴龙。不过在此之前的几十年里，在大致同一个区域发现了大量的后来被称作暴龙的化石碎片，当时却没有人发现这些化石有什么特别之处。

最初的标本并不完整，但正如布朗当时写给奥斯本的那封信中所表达的那样，这种恐龙的影响力和重要性是显而易见的："1号采石场包含一种大型肉食恐龙的股骨、耻骨、部分肱骨、三块脊椎骨，还有两块无法确定的骨头。马什没有描述过这些……我见过的白垩纪化石都无法与之相比。"

三年后的1905年，布朗又发现了一件保存得更好的君王暴龙标本，其在后来成为了美国自然历史博物馆恐龙展厅中的明星标本。1915年，该标本在博物馆装架展出，引起了不小的轰动，人们排起长队来参观这一巨型史前食肉动物。按照布朗的说法，标本原件在1941年卖给了位于匹兹堡的卡内基博物馆。当时正值战争期间，布朗称卖出标本的原因是："我们担心德国人可能采取战争措施，轰炸纽约的美国博物馆，我们希望至少能保住一件标本。"

在这件明星标本装架展出的时候，科学

▽ 本博物馆的暴龙骨架于1905年采集自蒙大拿州地狱溪劣地。

家对恐龙的姿势和生物力学尚知之甚少。奥斯本最初的构想是，同时将两只君王暴龙装架，并做出为争夺一具死去的植食性恐龙尸体而咆哮对决的样子。不过最终装架的只有一件标本，但它依然深深地镂刻在全球数十亿人的脑海当中——这个身躯高耸、拖着尾巴的肉食者，前肢极为短小，睥睨着远方，散发出一种原始、灭绝、重拙的气息。媒体创造出来的很多怪物都受到了这件标本的启发，其中最为人所知的就是哥斯拉。

1995年，本博物馆翻新后的恐龙展厅开放。蜥臀类恐龙展厅的高光点就是重新装架后的君王暴龙。新装架的君王暴龙已经不再像是哥斯拉，相反，它的姿势看上去好像是要悄悄接近你。这个新造型非常有戏剧感：尾巴平举，与脊骨位于同一直线，S形的脖子支撑着头部。新的造型，看上去不再像爬行动物版的袋鼠，而更像是一只长着巨大牙齿的鸽子。

2010年，我的同事们和我在广受推崇的《科学》杂志上发表了一篇名为《暴龙古生物学：典型古生物的新研究》的文章。基本而言，这篇论文列出了我们当时所了解的有关君王暴龙及其近亲的总体情况。我们的想法是，借助君王暴龙的魅力，对恐龙科学研究做一次综述。这篇论文围绕着暴龙生物学的方方面面，囊括了大量内容。但彼一时此一时，从那时以来，对这种令人赞叹的动物的各方面研究都在快速进展，不断得以完善。新技术已经得到运用，新发现的标本也越来越多。

△ 巴纳姆·布朗和他的野外团队使用畜力大车和铁铲对付镶嵌着暴龙骨骼的岩石。

　　如果我要描述一种现生动物，那么我会从具体数据入手。对君王暴龙体重的估计差异很大，下限约为5.9吨，上限约为14.5吨。这非常出人意料。两者的差距居然超过了1.4倍。这充分说明，以实证测量的方式来估算已灭绝动物的体重是多么困难。大多数合理的估计是在8.4吨到14吨这个区间。

　　身体各部位的尺寸（牙长、腿长、大脑容量）很容易量化，而有关生长、咬合力、狩猎策略等方面的信息，或者如何区分雄性与雌性，则要困难得多。我们先从生殖开始吧。卵子的生成需要大量的钙，而钙是受激素调节的——我们人类也是如此，正是出于这个原因，女性比男性更容易患骨质疏松症。在包括君王暴龙在内的很多主龙类体内，可能会发现一种特别的骨骼，这种骨骼被称为髓质骨。髓质骨相当于钙质储备库，把钙存下来用于生成蛋壳。科学家发现，现生雌鸟也有髓质骨。据报道，在一些君王暴龙的标本中也发现了髓质骨，我们据此可以推测，其中一些标本可能是处于怀孕期的雌性。

　　在物理特征方面，成年君王暴龙的速度经过了重新测算。此前曾有人认为，它的速度可以达到每小时32千米。利用新的计算机模型，我们可以计算出，它的速度要慢得多，大概为每小时19千米，身体素质好的人都能跑得过它。

　　关于君王暴龙，还有一些有趣的事实。君王暴龙是在白垩纪末期看到那颗小行星的动物之一。虽然它是个庞然大物，但与其他亲缘关系密切的恐龙相比，君王暴龙的大脑尺寸与体重是成比例的。通过头骨所受损伤我们还知道，它们（推定为雄性）会互相用脑袋撞，用嘴

△ 暴龙头骨的正面照，看起来非常威严。它的双眼可能比其他大型肉食恐龙更向前一些，因此拥有更好的双眼视野。

咬。研究人员认为，它们这样做是为了争夺领地、食物或配偶，跟许多现生动物的做法如出一辙。

　　一直以来，君王暴龙的身体覆盖物引发了大量猜测。传统上，君王暴龙被描绘成一种面目狰狞的庞然大物，长着很大的鳞片，有些情况下还有角和尖刺。新发现的君王暴龙及其近亲的标本，包括全身覆盖羽毛的华丽羽王龙（见第15页）的标本，为我们判断它的长相提供了直接的证据支持。有研究人员发现，一些保留下来的小片的皮肤与新收集到的君王暴龙标本之间存在关联。这些鳞片实际上是小的凸起的结节，直径只有大约3毫米。我们并不了解君王暴龙全身的皮肤，因此没有办法知道，结节的大小是否会因部位的不同而不同。不过凭借手头的证据，我们可以预测君王暴龙的相貌没有那么古怪，身体的鳞片相当柔韧，看上去非常像是天鹅绒，全身长有稀疏的原始羽毛，而且不怎么长。我们在前文提到过的综述论文中指出，我们对君王暴龙的了解可能比其他任何恐龙都多，这种令人惊叹的动物的标本现有50件。时至今日，君王暴龙仍然具有令人神魂颠倒的魅力，它是流行文化偶像，烙印到全世界小孩头脑中的第一种恐龙很有可能就是君王暴龙。除此之外，君王暴龙还激励着全世界很多人，让他们立志成为古生物学家。

◁　装架好的君王暴龙骨架，呈现出它活着时候的潜行姿态。这件标本是本博物馆蜥臀类恐龙展厅中最引人注目的展品。

高似鸵龙

晚白垩世

老人组

北美洲

人们很早就注意到，在非鸟恐龙身上出现的很多适应性特征后来出现在了现代鸟类身上，这就是所称的趋同演化。似鸟龙类（Ornithomimid）就是一个非常典型的例子。其中最知名的就是似鸵龙（Struthiomimus）。

似鸵龙生活在大约7800万年前，栖息地在现在的北美洲西部，身长约3米。似鸵龙属于似鸟龙类，而似鸟龙类主要分布在劳亚大陆，也就是北半球。似鸟龙类这个类群多样性水平并不高，但也有很多有趣的特征，而这些特征在现代鸟类身上又独立演化了出来。似鸵龙的意思是"鸵鸟模仿者"，只需看一眼它的骨架就能明白，为什么会给它取这样一个名字。跟鸵鸟一样，似鸵龙长着长脖子、大眼睛，后肢很长，而且有直接化石证据表明，它们跟现代鸟类一样长着角质喙。有人曾经估计，似鸵龙的速度最高可达80千米/时，比非洲鸵鸟还快。不过，这一点还没有经过严格的生物力学研究验证。

△ 一件装架好的似鸵龙标本。这种恐龙经常被称作鸵鸟龙，个中原因一目了然。

过去这几年间，研究人员已经证明这个类群的原始成员是有牙齿的。其中一个物种，在西班牙发现的早白垩世的似鹈鹕龙，牙齿很小，在上下颌紧密排列。从这种恐龙的名字可以知道，它的喉部区域有大量软组织，这有可能是袋状结构（就像是现代鹈鹕的喉囊一样）的遗留物。其他原始的似鸟龙类，比如似鸟身女妖龙（Harpymimus）和神州龙（Shenzhousaurus），它们的牙齿配置相当令人意外，仅下颌有牙齿，而且数量很少，排列稀疏。其他一些似鸟龙类则没有牙齿。牙齿与喙的形状多样性表明，这一类群的恐龙食性可能大不相同。

手的形态——特别是较高级成员的手的形态——相当不同寻常，全部三根手指都差不多长，末端长有长而直的爪子。另外，脚上的爪子也没有强烈的下弯，说明此类动物并不是运动能力很强的猎手。

◁ 20世纪初的一幅非常漂亮的粉笔画，作者是本博物馆插画师欧文·克里斯特曼（Erwin Christman）。这幅图表明，即使在恐龙研究的早期，也有人把恐龙想象成非常活跃的动物，尾巴翘起来而不是拖在地上。

△ 另外一种似鸵龙类——似鸡龙的两件非常完好的标本。这两件标本曾经被恐龙贩子非法运出国外，后来又被送回蒙古。

　　似鸟龙类的喙上长有软组织，这进一步支持了上述观点，至少对发现于蒙古的晚白垩世的似鸡龙（Gallimimus）而言是如此。这件标本保存了栉梳状结构，让人联想到了鸭子的喙。现代鸭用这种结构从水中筛出食物，似鸟龙类的栉梳状结构可能也有类似的功能。

　　直到最近，人们才对似鸟龙类的身体覆盖物有所了解。在过去的几十年里，在加拿大发现了不少晚白垩世似鸟龙标本，其中保存了被认为是正羽的碳化痕迹。前肢上的这类羽毛尤其多，有人认为这些羽毛是用来展示的，就像现代鸵鸟一样。从相同骨床发现的带羽毛的幼年个体只保存了绒羽，因此支持了这样一种想法：正羽只存在成年个体身上，作为展示之用。

　　在中国发现的早白垩世较原始似鸟龙类的图片在网上广为流传。这些恐龙（比如神州龙）标本显示，它们全身覆盖着绒羽。

奇异恐手龙

晚白垩世

耐梅盖特组

蒙古

在20世纪60年代和70年代早期，波兰和蒙古的研究人员联合进行了多次考察，其中最不可思议的发现之一是一对巨大的前臂。这对前臂是赫赫有名的波兰古生物学家索菲娅·盖兰—娅瓦洛夫斯卡（Zofia Kielan-Jaworowska）于1965年在蒙古南部的阿尔泰山脉发现的。

▽ 大脑袋，大爪子，驼背，身体覆盖羽毛，恐手龙就好像是从苏斯博士笔下画出来的动物。

保存这些化石的岩石属于大约7000万年前晚白垩世的耐梅盖特组。耐梅盖特组保存了在蒙古发现的一些最著名的恐龙化石；对这些岩石的研究表明，该地区曾是温暖、潮湿、植被茂盛的河漫滩。

这对前臂长近2.75米。当时发现的只有前肢和部分肩胛带。当另一位波兰古生物学家哈兹卡·奥斯穆斯卡（Halszka Osmolska）最初描述这个标本时，她并没有太多材料可以利用。她将这种恐龙命名为恐手龙，意思是"恐怖的爪子"。这个名字恰如其分——它一只爪子的长度可达20厘米，手更是硕大惊人。最初，人们认为它是肉食龙类（Carnosauria）的一员；肉食龙类是一个大型肉食性恐龙类群，其中包括很多人们耳熟能详的恐龙，比如暴龙和异特龙，不过如今这个类群的命名已经被认定为无效了。

最初，研究人员还将恐手龙与同样在蒙古发现的镰刀龙类的骸骨进行了比较。人们发现的第一件镰刀龙类的化石属于镰刀龙，与恐手龙发现于同一骨床。人们起初对镰刀龙类知之甚少，后来才知道这是最奇怪的恐龙类群之一。它们身体巨大，脑袋却极小，短尾巴，爪子非常大。有一条镰刀龙的爪子长度超过了30厘米，此外可能还带有一个巨大的角质爪鞘（就像人类的指甲）。要知道，爪鞘至少比爪子还长60%！虽然这种恐龙看上去相当凶狠，但实际上却是不折不扣的植食者，它们的长爪子可能只是用来钩住枝叶，然后将其送到嘴里而已，就像今天的树懒一样。

这些年来，科学家们开始认定恐手龙既不是"肉食龙类"，也不是镰刀龙类。相反，它被认定为一种似鸟龙类，而且是一种体形巨大的似鸟龙类。似鸟龙类的前臂都很长，因此恐手龙的体形可能没有最初想象的那么大。如果以其他似鸟龙类为基础按比例推算，恐手龙的体长可能为10.7米——这当然不小，可也不算太大。研究人员最初推测恐手龙体形巨大，但那是以前肢相对短小得多的肉食类恐龙为参照而得到的结论。

近年来，关于恐手龙的诸多具体特征及其彼此间的关系，我们的理解发生了巨大变化。一些新标本的发现，更将此向前推进了一步。其中一些标本是由一个加拿大—蒙古考察团在恐手龙最初被发现的遗址挖掘出来的，另一些标本则是在离阿尔泰山脉骨床不远的布古吉—特萨遗址发现的，其中一些标本有明显的被抢掠过的痕迹。商业利益集团抢掠恐龙标本是一个重大问题，不仅在蒙古，在全世界都是如此。

后来我们知道，这件标本曾从蒙古被贩运出去，通过一名日本中间人卖给了欧洲人。幸运的是，欧洲一名合法的化石商人半路

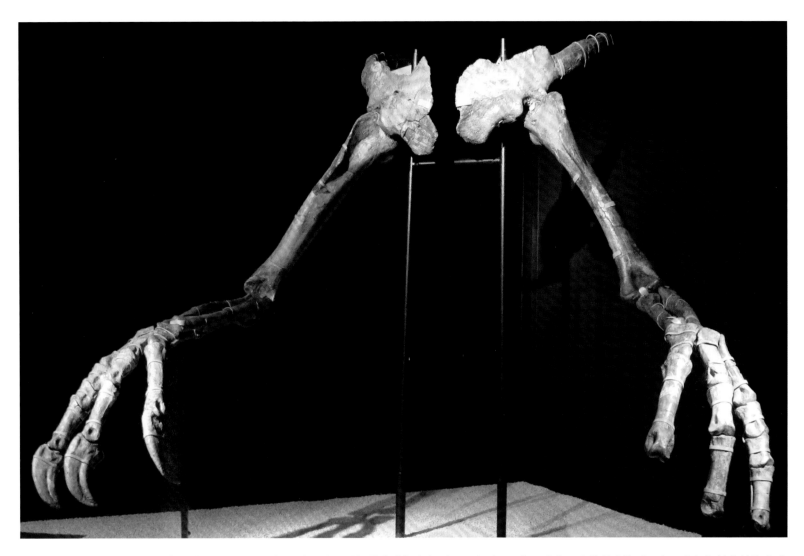

△ 恐手龙第一次被发现的时候，古生物学家们全都一头雾水，不知道应该把它归到哪一类别。一些人认为，这种恐龙体形巨大，比任何其他兽脚类恐龙都大，而且跟其他兽脚类恐龙一样"奇形怪状"。

出现，买下了这件化石，并安排将该标本存放在比利时的一家博物馆。之后化石又从博物馆送还蒙古，与在蒙古的骨架的其他部分合体。这件标本为我们提供了不可多得的新材料，向我们展示了这种非比寻常的恐龙的非凡形象。

这件新标本清楚地支持了恐手龙属于似鸟龙类这一判断。不过关于恐手龙的外貌，最令人惊异的一件事是，它的背部有一个很大的鳍状物，几节脊骨的延伸部分为其提供支撑。很多种彼此间并没有什么亲缘关系的恐龙都长有这种扇状结构，而对于扇状结构的功能，研究人员也莫衷一是，有人认为它可以调节体温，还有人认为——信不信由你——这实际是"风帆"。最有可能的情形是，扇状结构是用于展示的，很多现生动物就长有形形色色、令人啧啧称奇的结构。这种恐龙脚很大，表明它行动缓慢而笨拙，就像树懒。

恐龙的头骨可以向我们提供大量信息。考虑到体形的因素，恐手龙的大脑小于一般水平，不过嗅觉可能比许多恐龙更灵敏。头骨生物力学研究表明，恐手龙的咬合力并不强，它可能是从池塘和湖泊底部吸啜食物的。这件事看上去似乎有些奇怪，却并非孤例，另一种似鸟龙类镰刀龙同样如此。美国自然历史博物馆和蒙古科学院曾在2000年进行联合考察，考察中发现了一件镰刀龙标本，这件标本表明，镰刀龙的喙长有角质过滤结构，跟今天的鸭子差不多。与这具骨架同时发现的还包括近1500块胃石，也就是在动物的胃中形成胃磨的小石块。这种石块在原始的有齿似鸟龙类——神州龙身体中也有发现。

这件模式标本的前臂的铸件，存放在自然历史博物馆的蜥臂类恐龙展厅，相当吸引眼球，很多人都以这件铸件为背景自拍。就在不久前，关于这一双前臂还有不少谜团，不过现在我们知道，尽管恐手龙跟我们通常所了解的恐龙不大一样，但从过去20年发展出来的恐龙生物学范式来看，恐手龙显然与这一范式相当契合。

长足美颌龙

侏罗纪

索伦霍芬组

德国

　　美颌龙是一种人们了解不多却相当重要的小型恐龙，发现于潟湖沉积层，跟始祖鸟同组。研究人员很早就发现，美颌龙的解剖学特征与始祖鸟非常类似。实际上，两者相似程度非常之高，美颌龙也就顺理成章地成了第一种被复原为长了羽毛的非鸟恐龙，这个想法是1876年提出的，提出者是赫胥黎。

　　也许是因为美颌龙看上去太像鸟，又是在恐龙研究刚起步时（1859年）发现的，千奇百怪的假说层出不穷也就不足为奇了。其中一个理论认为，美颌龙用自己的前肢（当时人们以为美颌龙只有两指，但实际上它有三指）划水，像船鸭一样将两臂当作桨来使用。如今，所有证据都表明美颌龙是相当传统的双足行走动物，身体结构也相当保守。它们可能生活在浅海的岸边。仅有少数的几种恐龙，我们对它们的食性知之甚详，美颌龙就是其中之一。已知的美颌龙标本有两件，它们体腔内都发现了小型蜥蜴的遗骸，这是美颌龙以蜥蜴为食的确凿证据。

　　尽管美颌龙是一种小型恐龙，但其近亲恐龙的体形则要大得多。在中国东北发现的早白垩世的华夏颌龙（Huaxiagnathus）就大得多，体长接近2米。中华龙鸟也属于美颌龙类。中华龙鸟是一种具有革命性意义的恐龙。尽管研究人员很早之前就已经预测，恐龙是有羽毛的，但中华龙鸟是人们收集到的第一种保存了无可争议的羽毛证据的非鸟恐龙。这一发现在20世纪90年代末引发了不小的轰动。当然，争论者总是有的。但在本书中，我们只需做如下说明：大量的研究发现，最初有关带羽毛恐龙的说法是成立的。顺便提一下，跟美颌龙标本的情形类似，第一件中华龙鸟标本的体腔内也有一只蜥蜴。

　　现代鸟类的羽毛是长而分叉的结构，而且在整个身体的分布非常不均匀。中华龙鸟则不同，所有的中华龙鸟羽毛长度都在13—50毫米之间，而且在身上所有部位的分布相当均匀。中华龙鸟的羽毛是短管状的刚毛，最长的羽毛长在肩部稍微往上的部位。中华龙鸟是一种相当原始的兽脚类恐龙，因此，在它的身上发现原始的、无差异的羽毛并不令人感到意外。在其中一个标本的尾巴上甚至可以观察到颜色的变化，这说明这种恐龙活着的时候尾巴颜色是条带状的。大多数古生物学家认为，这些羽毛和一般意义上的羽毛一样，最初演化出来是为了保温，将这些动物与环境隔离开来。

　　美颌龙的原始标本（也是唯一标本）没有羽

▷ 一只长羽毛的美颌龙复原图。从胃内容物来看，美颌龙以蜥蜴为食，它的食谱当中可能还包括昆虫。

毛的痕迹，但这并不意味着羽毛不存在。来自同一遗址的一些始祖鸟标本也没有羽毛保存下来，但大部分始祖鸟标本都是有羽毛的。此外，这些骨床挖掘出来的其他小型恐龙的表皮结构也相当令人惊异，如似松鼠龙（Sciurumimus）和侏罗猎龙（Juravenator）。似松鼠龙类很难分类，因为很明显这是一只幼年个体。不过大多数人认为，它与巨齿龙存在关联，而且明显存在像羽毛一样的丝状结构。在最早的侏罗猎龙类的描述中，研究人员认为它们没有羽毛。然而，在紫外光下更细致地检验后，他们发现，这种恐龙不但有羽毛，而且有鳞片。最初研究人员认为它是美颌龙的近亲，然而较新近的研究表明，这种恐龙与较高级的恐龙亲缘关系更近。

美颌龙使我们对非鸟恐龙的理解更为深入，尽管我们主要依靠的只有那一件标本。自从被发现以来，它就被所有恐龙古生物学领域的杰出人物所研究。这件标本至今仍然存在，我们应该为此感到庆幸。它原本存放在慕尼黑的巴伐利亚国家博物馆，在第二次世界大战期间，这家博物馆的大部分藏品都被联军的炮火摧毁了。恩斯特·斯特莫（Ernst Stromer）从非洲挖掘的重要恐龙标本很多都丢失了，其中包括棘龙的模式标本。美颌龙标本能够得以幸存，唯一的原因就是，当人们意识到战争很可能要失败时，一位馆长把标本带到了他在乡下的家中。

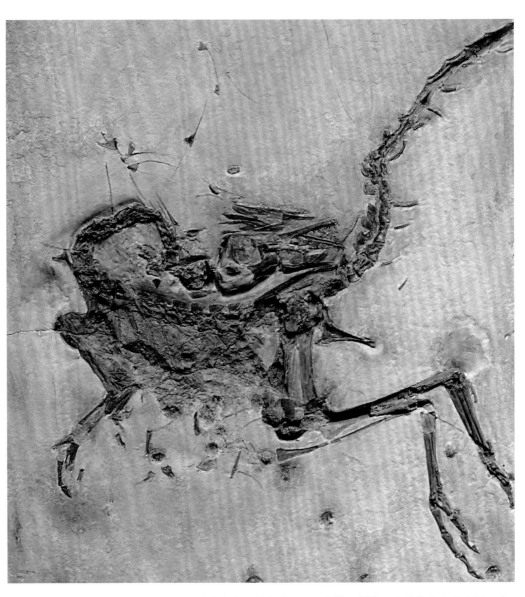

△ 最初的美颌龙标本。与慕尼黑博物馆中很多其他标本不同，这块石板在二战的炮火中幸存了下来。幸亏这块石板不算大，一名馆长才有可能把它带到乡下保护起来。

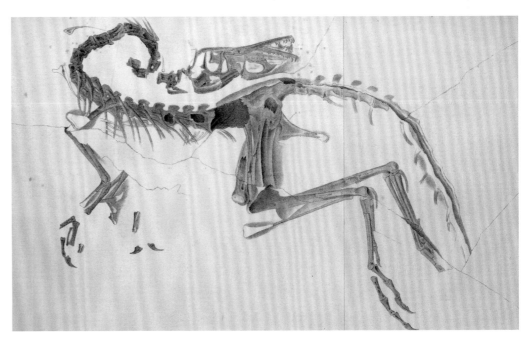

▷ 品相非常好的美颌龙印版石。原版印版石目前保存在耶鲁大学。

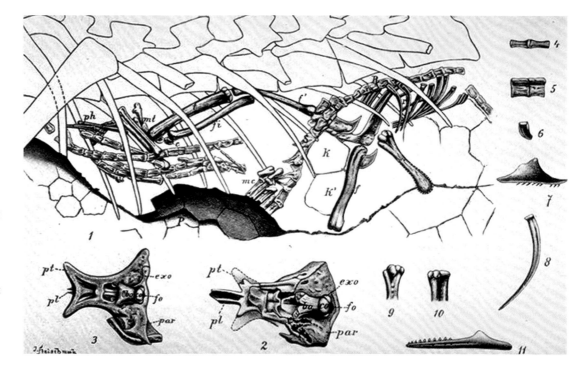

▷ 这幅插图绘制于1903年，胃内容物是一只蜥蜴的部分头骨。

▽ 有关美颌龙前肢的用途，人们提出过很多奇怪的观点。其中一个说法是，美颌龙的前肢就好比是桨，可以用来游泳或者潜水。

鹰嘴单爪龙

晚白垩世

耐梅盖特组

蒙古

1990年，美国自然历史博物馆与蒙古科学院在蒙古进行联合考察期间，我们住在首都乌兰巴托一栋破败的建筑里，就在蒙古自然历史博物馆的后面，蒙古科学院把这里当作化石和野外设备存放地。

在俄罗斯汽车零件、一个又一个没贴标签的化石箱和各种杂物中，有几处小办公区。其中一处属于培雷（Altangerel Perle），他是蒙古古生物学家，受科学院委派与我们一起工作。在他这么多让人心驰神往的标本中，有一件尤为奇怪。我们把这件小标本的大部分骨头摆在了桌子上，清楚地发现，这原来是一种新恐龙！我们无比兴奋。

这件标本是几年前由蒙古古生物考察队在晚白垩世布古吉—特萨遗址发现的。布古吉–特萨是戈壁沙漠的一处盆地，位于阿尔泰山脉的西北部，地处蒙古南部的南戈壁省。布古吉—特萨极为炎热，尘土飞扬，到处都是苍蝇和蚂蚁。很多重要恐龙都是在这个遗址发现的，其中就包括这件小恐龙标本。

在我们面前摆着的包括腿骨、臀骨、脊椎骨、后侧颅骨以及非常重要的前肢臂骨。看到臂骨这些大小不同的隆起、比例和骨突，我们立刻恍然大悟，这种恐龙与现代鸟类的亲缘关系非常近。毫无疑问，这是一种高级的虚骨龙类。但真正让我们感到惊异的是它的前臂：典型的虚骨龙类拥有的长长的前臂，手掌有三指——但培雷发现的这只恐龙前臂短小，看上去相当有力，而且仅长有一只极其巨大的爪子。

几个月后，培雷带着标本来到纽约，并在纽约长时间停留进行研究。在纽约进行的详细分析表明，与最初所认定的一样，它是一种虚骨龙类。更多的分析表明，它与一个化石记录保存较差的神秘恐龙类群有关，这个类群被称为阿尔瓦雷兹龙，生活在白垩纪，只在阿根廷发现过。至于阿尔瓦雷兹龙与其他恐龙的关系如何，当时还不得而知。

起初我们在《自然》杂志上的一篇论文中把这种恐龙命名为"Mononychus"。然而不久之后我们就遗憾地发现，这个名字（意为"单指"）已经属于一种甲虫。为了符合科学命名的规则（这一规则要求所有物种必须拥有独一无二的名字，就像纯种赛马一样），我们就不得不做出改变。解决办法很简单，把"Mononychus"这个单词中的ch改成k。在这篇论文当中我们提出了一个大胆的设想：单爪龙与现代鸟类关系密切。尽管这一看法当时并未有多少人响应，但很清楚的事实是，单爪龙与现代鸟类有很多相似之处，而这些相似之处在其他非鸟恐龙身上是没有的，包括一些非常重要的特征如长有龙骨突的胸骨、腕部的细小骨骼融合为一整块腕掌骨以及骨架方面的若干细节。我们最初的想法没能经受住时间的考验，如今大多数人认为单爪龙处于更为基础的位置，也就是说，它们与鸟类的关系没有那么密切；相比之下，伤齿龙类和驰龙类等几个类群的恐龙，与其关系要近得多。但这个故事并未就此结束。研究人员对单爪龙近亲的研究有了一些惊人的发现，人们对单爪龙与其他恐龙之间关系的认识由此也在不断取得进展。

单爪龙的前肢也很值得一说。毫无疑问，这是有记录以来最不寻常的恐龙前臂之一。通常来说，如果遇到非常小、小到不可思

△ 羽毛颜色非常鲜艳的单爪龙。

议的前臂（比如君王暴龙的前臂），那么它基本属于退
化臂，是没什么用处、柔弱的附属物。但单爪龙的前臂不是这样。
单爪龙的前臂虽然非常短，但短而有力。前臂中的骨头（尺骨）有
一个相当大的鹰嘴状突起，基本就相当于肘部。这意味着前臂能
够用作杠杆，因此可以用力。力可以通过腕部传导到手部；它的
腕部没有多少活动性，只能向有限的几个水平方向转动。每只
手的尽头有一个大爪子，肯定能以挖掘的方式发挥出强大的
力量。这种高度特异化的附肢通常意味着，这种动物已经
适应了一种非常特定的生活方式。如今，生有类似附肢的动物
往往是哺乳动物，比如穿山甲和食蚁兽。由此观之，也许单爪龙的
生活方式与它的亲戚们并没有太大的不同，都是利用强大的前肢来拆除昆虫的巢穴。

　　20世纪90年代中期，美国自然历史博物馆—蒙古联合考察队在乌哈托喀骨床中发现
了两个新的阿尔瓦雷兹龙类物种。其中一种体形庞大，被称为美足龙（Kol ghuva），标本
只有一只脚。这只脚有普通脚的两倍大，因为化石太少，我们对它不甚了解。相对而言，
我们对沙漠鸟面龙（Shuvuuia deserti）的了解就要多得多了。在蒙古语中，沙漠鸟面龙的
意思是"沙漠鸟"，由此可见这种恐龙的骨架与鸟类似。这种恐龙的标本不止一件，其中
包括从多个遗址发现的成年个体和幼年个体。因为沙漠鸟面龙的头骨保存非常好，我们
可以借此更好地了解与之关系密切的单爪龙的模样。不仅如此，沙漠鸟面龙标本还为我
们提供了这种恐龙外观的其他线索。在对模式标本的头骨进行清理的过程中，研究人员
发现了大量细小的丝状物，在前肢和头骨周围区域尤其多。数年之后，研究人员对这些
丝状物进行了分析，发现了极微量的保存下来的蛋白质——角蛋白，现代鸟类羽毛中的
那种角蛋白。这是一项非常有力的证据，证明这种高级的非鸟恐龙和其他恐龙一样，活
着的时候是长有羽毛的。

△ 这具单爪龙骨架是把单爪龙和鸟面
龙的骨骼结合在一起制成的。

▷ 鸟面龙与单爪龙亲缘关系非常密切，两者长得几乎一模一样。鸟面龙的生存年代稍早一些，栖息地在沙漠地区，而单爪龙生活在河漫滩。

△ 单爪龙强大且与众不同的前臂。

嗜角窃蛋龙

晚白垩世

哲道哈达组

中亚

　　如果统计一下历史上所有古生物学考察的花费并排名，那么中亚考察肯定名列前茅。中亚考察是美国自然历史博物馆组织的，时间从1922年到1928年，首倡者共有两人，一个是当时的馆长亨利·费尔菲尔德·奥斯本，另一个便是罗伊·查普曼·安德鲁斯（Roy Chapman Andrews）。

　　罗伊·查普曼·安德鲁斯是个魅力不凡的人物。从威斯康星州的伯洛伊特学院毕业后，他开始追逐自己的梦想——到美国自然历史博物馆工作。他来这里求职，并得到了一份在哺乳动物学部门做杂务的工作，他自学的动物标本剥制术在这里派上了用场。在职业生涯的早期，安德鲁斯就获得了"挥金浪子"和"天才少年"两个称号。他非常喜欢往野外跑，而且外语学习能力超强，因此常常参加考察。他第一次参加考察就去了东印度群岛和北极。在攻读高等学位期间，他住在日本的一个捕鲸村，拍摄了一些质量上乘的海洋哺乳动物动态影像。在东方的这段时间里，安德鲁斯畅享当地美食，广览风土人情，纵情沉浸于20世纪初期的亚洲所能提供的一切享乐之中。日后的安德鲁斯将成为那个时期最了不起、最知名的探索者和科学传播者。他频频出现在广播节目之中，经常举办讲座，出版了超过20本书，还撰写了大量论文。尽管在世人的眼中，他并不是一名了不起的科学家（他从未完成研究生学业），但就那次堪称古往今来最有名的古生物学考察之旅而言，安德鲁斯是魅力十足的形象代言人。

　　结束第一次亚洲之旅返回后，安德鲁斯再一次将目光投向东方。时任美国自然历史博物馆馆长亨利·费尔菲尔德·奥斯本，是一名风格非常强势的领导者——尽管从今天的角度来看，其中也颇多争议。奥斯本于1891年创立了本博物馆的古脊椎动物学部，并在1908年至1935年间担任博物馆董事会主席。奥斯本是一名富可敌国且人气极佳的实业家的后代，在政界和商界都有重要的人脉。

　　奥斯本的研究兴趣非常广泛，其中之一就是人类的起源。当时一种主流理论认为，人类的起源地位于亚洲。不过，由于没有收集到重要的化石，这种理论尚未得到证明。（当时欧洲或北美的知识分子，几乎从未考虑过现代人类起源于非洲的可能性。）安德鲁斯热衷于冒险，他设法说服奥斯本，让他牵头组织一系列考察活动，前往中亚寻找能够证实奥斯本想法的化石。

　　中亚考察是一项了不起的壮举，花费之高也令人咋舌，此时，奥斯本的人脉和安德鲁斯的魅力成了说服纽约的富人们慷慨解囊的重要因素。考察的大本营设在一个旧日的皇宫，离今天北京的天安门广场不远。通常来说，到中亚考察的交通工具往往是骆驼和驴车，但这次本博物馆创新性地带来了机动车，车辆需要的汽油和部件由骆驼队运到戈壁沙漠腹地的临

△ 尽管没有直接化石证据表明窃蛋龙是长羽毛的，但窃蛋龙的近亲有羽毛，这就强烈意味着，窃蛋龙也是长有羽毛的。

△ 手拿恐龙蛋的罗伊·查普曼·安德鲁斯，中亚考察团领队，照片拍摄于巴音扎克，时间是 20 世纪 20 年代初。

△ 亨利·费尔菲尔德·奥斯本，古脊椎动物学系创始人，同时也是本博物馆馆长。正是由于他的远见才有了后来的中亚考察。

△ 运送补给物资的骆驼大篷车队到达巴音扎克（火焰崖）。

时供应点。可以说，从各个意义而言，中亚考察都是真正意义上的现代化考察行动。

在一个叫巴音扎克（也被称作火焰崖）的地方，考察队发现了第一批受到普遍认可的恐龙蛋。这是最为著名的发现之一，巴音扎克兽脚类恐龙窃蛋龙的发现即与此有关。

在1923年的考察期间，队员乔治·奥尔森（George Olson）发现了一件不同寻常的化石：一种相当小的新种兽脚类恐龙的骨架。尽管这一发现本身已经足可称道，但更重要的是，这只恐龙是与几只恐龙蛋一同发现的。当乔早些时候，考察过程中已经发现了一些恐龙蛋，甚至包括成窝的蛋。等标本送到纽约，这些蛋引发了巨大的热潮，国际社会也纷纷予以报道，甚至制作了一部新闻片。此后不久的1924年，亨利·费尔菲尔德·奥斯本发表了一篇非常重要的论文，讲述了火焰崖发现的部分恐龙，论文的标题为《发现于蒙古中部原角龙址的三种新兽脚类恐龙》。

除了声名显赫的蒙古伶盗龙（Mongolian Velociraptor，见第104页），奥斯本还命名了另一种恐龙——奥尔森发现的跟那些巢穴联系在一起的恐龙。奥斯本将这种恐龙命名为嗜角窃蛋龙（Oviraptor philoceratops，意思是"喜欢角龙的吃蛋龙"）。为什么要起这么一个古怪的名字呢？这是因为最初大家认为，火焰崖发现的恐龙蛋是鸟臀类植食性恐龙安氏原角龙（Protoceratops andrewsi，见第188页）的蛋。背后的逻辑是这样的：既然与窃蛋龙一起发现的恐龙蛋在火焰崖无处不在，那么这些蛋一定是该地区最常见的恐龙所生，因此，人们认为在形成化石的那一刻，窃蛋龙一定是正在偷走原角龙的蛋！公平地说，奥斯本当时的确曾指出，还不能完全确定这些蛋就是原角龙的蛋，不过在之后的几十年间，这已经成了科学史上的正统解释。

然而到了1993年，情形发生了变化。当时美国自然历史博物馆—蒙古科学院的联合考察队在蒙古南部发现了一个非常重要的遗址。这个地方名叫乌哈托喀，现已经成为全球最重要的晚白垩世恐龙遗址之一。1993年7月，这里出土了第一批化石。那一天，我看见一只恐龙蛋暴露在地表，就在我面前几步远的地方。这种事情并不稀奇，因为这些沉积岩里到处都能发现恐龙蛋。我看到的这枚蛋是火焰崖最常见

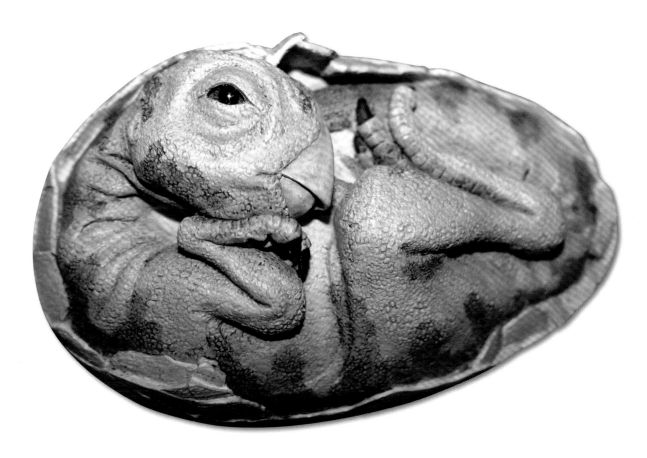

△ 窃蛋龙胚胎的复原作品。1993年发现的化石表明，窃蛋龙并非真正的窃贼。

的那种，跟1923年与嗜角窃蛋龙骨架一起出土的那些蛋一模一样。但等我把蛋拿到手中，很清楚地看到这枚蛋是多么特别：里面有一个处于发育期的胚胎，但并不是一个原角龙胚胎，半片蛋壳上附着的实际上是一个兽脚类恐龙的胚胎。从当时来看，这是已知的第一个兽脚类恐龙胚胎，非常明确地表明火焰崖的那些蛋并不是原角龙生的蛋。在乌哈托喀还有不少跟葬火龙（Citipati）有关的发现，葬火龙与窃蛋龙关系非常密切，这就让整个故事更加引人入胜（见第96页）。回到纽约后，研究人员对这个胚胎进行了清理及分析，发现这确实是兽脚类恐龙的胚胎，更准确地说是窃蛋龙类的胚胎——而窃蛋龙正是窃蛋龙类的一员。

让我们继续嗜角窃蛋龙的话题。通过近期的分析，我们获得了这种不寻常的恐龙的更多信息。尽管近一百年来，人们对这类标本进行了广泛而深入的研究，但还是遗漏了一些东西：与成年个体骨架、蛋壳碎片和残蛋混杂在一起的，是非常小的窃蛋龙类的骨骼。尽管没有办法确凿无疑地证明，但我们仍推测，这只窃蛋龙在死亡的那一刻，可能正在照料那窝刚刚孵出的幼崽。这一解读得到了大量支持，颠覆了原本的认知，窃蛋龙也摇身一变成了优秀家长。遗憾的是，科学命名自有一套严格的规则，我们无法重新命名这种恐龙，因此"窃蛋龙"这个名字仍旧得以保留并将继续流传下去。

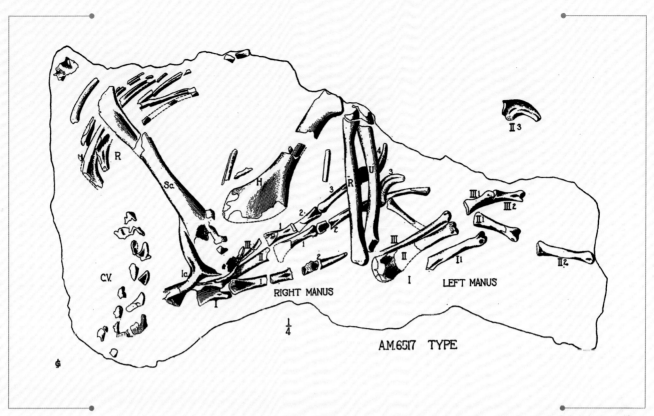

△ 原始窃蛋龙化石的示意图。很有意思的一件事是，当时发现的与这件标本有关的大量蛋壳碎片并没有在图中画出来。

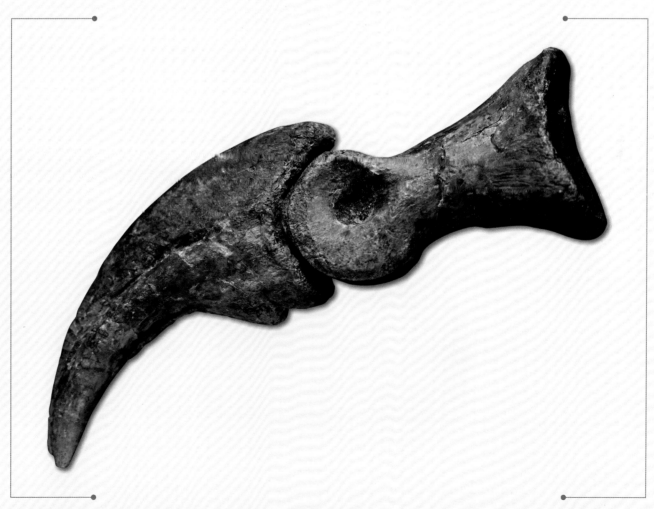

△ 窃蛋龙的脚上长着又长又弯的爪子，但不是像伶盗龙及其近亲那样钩状的、适于攫捕的爪子（对比第104页的爪子）。

麦氏可汗龙

晚白垩世

哲道哈达组

中亚（蒙古）

△ 可汗龙的模式标本，采集自晚白垩世的蒙古乌哈托喀骨床。

　　窃蛋龙类曾一度被认为是最稀有的恐龙，但如今一个显而易见的现实是，在整个白垩纪（特别是晚白垩世），北半球的窃蛋龙类多样化水平非常高，数量非常多。对一些种类的恐龙来说，中亚是多样化的中心，其中包括葬火龙（见第96页）和窃蛋龙（见第88页）。

　　可汗龙是本博物馆和蒙古古生物学家在蒙古乌哈托喀遗址收集到的第一只窃蛋龙类。与本书中描述的另外两种窃蛋龙类的标本不同，可汗龙的头顶没有食火鸡那样的大头冠。而且它的体形也不大，长度不足两米。

　　有多种迹象表明，可汗龙是一种社会性动物。从乌哈托喀遗址的化石来看，它们在一次事件中丧生并被保存了下来。有证据表明，这次事件是大型含水沙丘的坍塌——这样的沙丘很容易流动起来，把动物活埋。1995年7月，一件可汗龙标本（第一件可汗龙标本就是两年前在同一个地方发现的）的尾巴被发现从一个小山暴露出来。通常而言，在这样的情况下，如果朝山体深处挖可能只会挖出尾巴的其他部分。但这一次，人们采集到了一件保存非常完好的标本。

　　在挖掘过程中，考察队又发现其旁边也躺着一只小可汗龙。这两只恐龙是在同一次事件中丧生的，断颈痕迹清晰可见。这两件标本被亲切地称为"席德和南

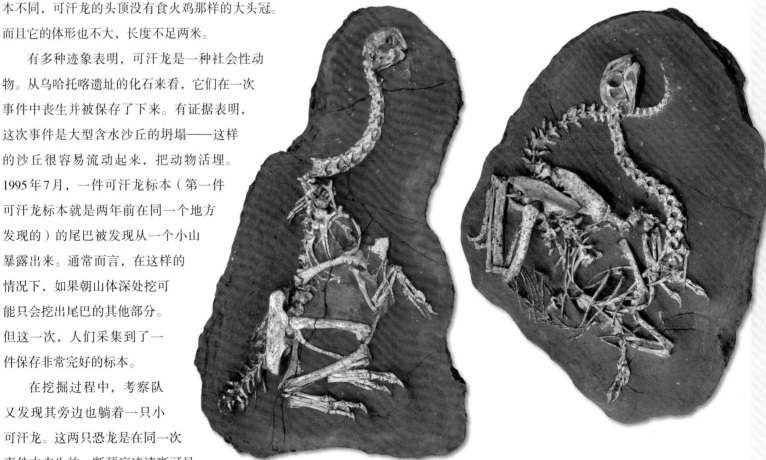

△ 可汗龙席德和南希，标本采集自乌哈托喀。

△ 乌哈托喀的可汗龙骨床。该骨床包含至少7只可汗龙个体。此类骨床显示可汗龙是成群活动的。

希"，分别来自性手枪乐队的贝斯手席德和他的女友南希·斯庞根（Nancy Spungen）的名字（1978年，南希在曼哈顿的切尔西酒店遇害）。20年后，该标本被纳入了一项规模更大的研究之中，这项研究的主旨是如何确定一般兽脚类恐龙的性别。当时已经确定的是，雄性和雌性鳄鱼的前尾椎底部突起的形状是不同的。席德和南希表现出了同样的特征，这有力地表明它们活着时是一雄一雌。

在乌哈托喀还发现了大量未成年可汗龙个体集合在一起的标本。这些集合的有趣之处在于，就像席德和南希一样，它们也被认为是在一次事件中死亡的。这些标本的大小都差不多，说明它们是生活在同一恐龙群中的同龄群体。这种极具社会性的行为可能是其整个类群的一个特征。

在骨床中还发现了其他窃蛋龙类，特别值得一提的是在蒙古库尔三遗址的一个发现。其中有数十只年纪不到一岁的幼龙标本，还有至少三只完全长成的成年个体。这意味着，跟现生鸵鸟一样，这些恐龙社会性很强，不仅会在巢内孵蛋，还会照料幼崽，并拥有相当长时期的家庭生活。

奥氏葬火龙

晚白垩世

哲道哈达组

蒙古

葬火龙是一种窃蛋龙类，与窃蛋龙亲缘关系密切。窃蛋龙类，如可汗龙（见第94页）和窃蛋龙（见第88页），是一种相当奇特的动物。它们没有牙，有的头上长有食火鸡一样的大型头冠，体形大小不一。有些窃蛋龙类，比如窃螺龙，体形很小；也有一些，比如巨盗龙，则体形巨大。这些窃蛋龙类都是双足行走的，手上有相当大的爪子，而且有可能是以植物为食的。

迄今为止，葬火龙只在蒙古乌哈托喀的晚白垩世（约7800万年前）鲜红色砂岩中有发现。第一个标本采集于1994年，此后又发现了其他几只个体。葬火龙这个听起来颇不寻常的名字来自喜马拉雅佛教的神祇，他们是葬礼火堆的守护者。这两名神祇通常会被画成两具跳舞的骷髅，四周围着火焰组成的圆环图案。奥氏葬火龙的种名是为了纪念哈兹卡·奥斯穆斯卡，她是20世纪60年代和70年代波兰—蒙古联合考察队的领导人之一，发掘到许多重要的戈壁沙漠恐龙。

在乌哈托喀，窃蛋龙类的标本非常常见。在这里至少发现了两种对当时的科学界而言尚属新物种的恐龙。除了葬火龙，我们还采集到了几件标本，属于一种体形比葬火龙小但亲缘关系很近的恐龙，这就是众所周知的麦氏可汗龙。

窃蛋龙类的一个特征是，它们似乎是群居的；在乌哈托喀采集的许多标本以及其所展现的当时情境都证明了这一点。乌哈托喀遗址的标本如此完好，原因之一就是这些恐龙显然是被活埋的，而且在此之

△ 一只全身长满羽毛的成年葬火龙，这是
乌哈托喀遗址最常见的兽脚类恐龙。

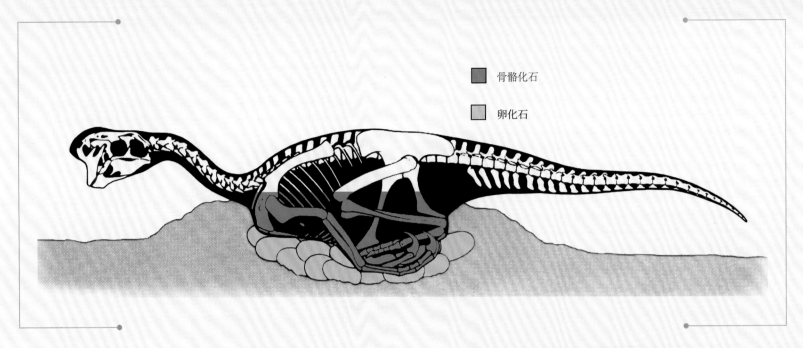

△ 这幅示意图显示的是正在孵蛋的"大妈妈"。

后一直受到埋葬它们的介质的保护。这到底是怎么回事呢?

　　蒙古哲道哈达组的很多遗址都能发现这种保存非常完好的化石,几十年来有关形成原因的争论一直没有停过。通常的解释是,这些恐龙遭遇强沙尘暴袭击,但这种解释本身有不少问题。其中之一是,即使在环境最恶劣、风势最强的地方,现代世界也从未出现过足以完全击倒并掩埋与成人体形差不多大动物的沙尘暴,更不用说体形更大的恐龙了。

　　我们在乌哈托喀工作的地质小组再一次分析了这个问题。他们仔细绘图,标记出发现脊椎动物化石的确切地点,观察到两类地质学家所说的"岩相",即具有特定外观特征、成分或成岩条件的岩层。在其中一种岩相中没有化石,但有明确的迹象表明,这些岩石是由大型古沙丘形成的。沙丘形成的岩石有一个典型特征,那就是存在陡峭的层理面,也就是交错层,表明在风力作用下沙区的表面是不断变化的。第二种岩相包含大量化石,但没有交错层。除此之外,偶尔还会发现拳头大小的鹅卵石,从重量来说,这不可能是风力吹动造成的。因为没有交错层理,第二种岩相被称为无沉积构造岩。那么,为什么交错层岩石不含化石,而无构造砂岩却含有化石呢?对单个沙粒的详细分析提供了一条线索:这些沙子的黏土含量很高,而黏土会吸水。

　　因此,地质学家对环境的解释是,这是一片相对开阔、干旱的沙丘区,中间还有部分丘间地带。偶尔也会出现一些水塘,但很快就会消失。在极罕见的情况下——大概几百年一次——这里出现了非常大的风暴。由于沙丘的沙中含有黏土,水被吸收了,而不是像大多数沙土那样快速排掉。此外,沉积物中留下的根的明显痕迹,即根管石,证明此地曾有植物存在,它们也在一定程度上固着了沙丘。随着沙丘吸收的水分越来越多,最终超过了一个临界点,沙丘变得不稳定,最终坍塌成一条流动的沙河。生活中也有类似的事情:你在海滩上堆了一个城堡,如果用的沙子太湿了,城堡就会轰然倒塌,沙河倾泻而出。在乌哈托喀埋葬了这些恐龙的就是沙河。

　　我见到过的化石数不胜数,这种以活埋的方式保存下来的化石是最让我觉得不可思议的。在1993年的美国自然历史博物馆—蒙古科学院的联合考察中,我发现一只爪子从鲜红色砂岩中裸露出来,当时我做了记号,因为还要料理另外一个挖掘点,于是就请同组的一些成员帮忙调查。过了不久,一辆汽车停在我工作的现场。一名激动不已的队员从车上跳下来,边走边说:"骨架下边有蛋!"这件标本后来被称为"大妈妈",是一只正在孵蛋的成年葬火龙。这件标本在全球引起广泛关注,因为它提供了直接证据,表明非鸟恐龙也会像现生鸟类一样坐在窝里孵蛋。

　　这些恐龙蛋,以及在同一遗址另外两处发现的恐龙蛋,给我们提出了一些有趣的问题,并指向一些深刻的结论。一个显而易见的结论

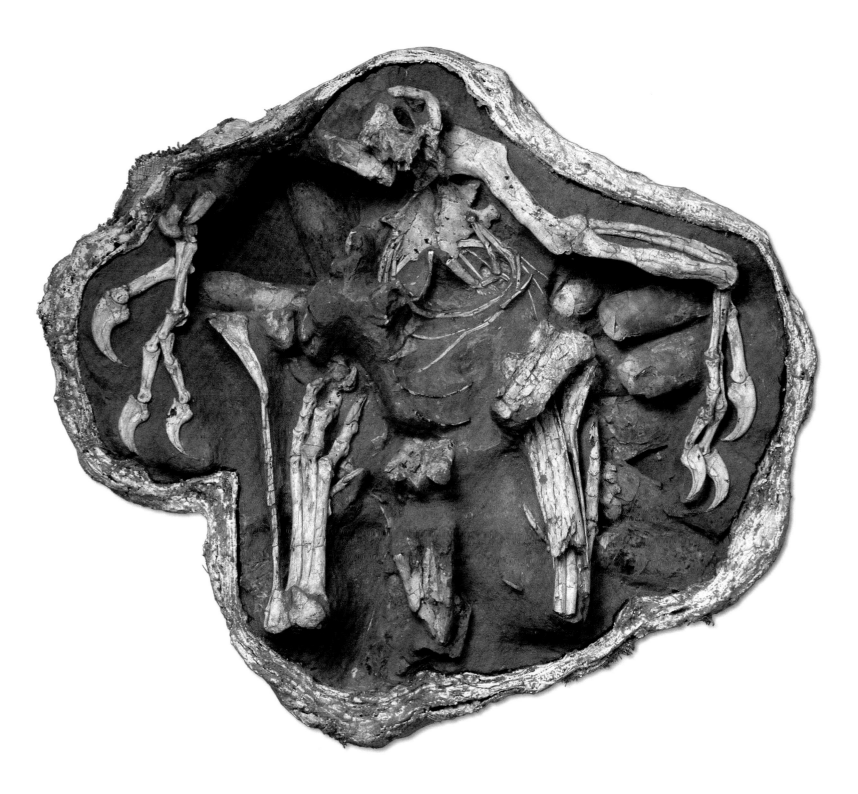

△ "大妈妈"孵蛋标本的平面图。这件标本清楚地表明，非鸟恐龙也会孵蛋。

△ 乌哈托喀遗址。这个区域被称作驼峰凹地，很多重要的恐龙都是在这里发现的。

◁ 采集自乌哈托喀的葬火龙胚胎。这件标本确认了跟那件窃蛋龙标本在一起的蛋不是原角龙的蛋。

△ 装架好的一只窃蛋龙类的标本。

是，现代鸟类的典型行为——巢内孵卵的历史相当久远，其根源甚至可以追溯至非鸟恐龙。不过这里仍然有一个特别需要考察的问题：为什么只有葬火龙及其近亲的直接化石证据显示出这种行为？这当然是一个难题，答案可能与这一事实有关：在这些恐龙被流沙活埋的遗址中，窃蛋龙类恰好是其中最常见的兽脚类恐龙。从这些恐龙蛋以及碎片在乌哈托喀和巴音扎克（本博物馆的古生物学家曾于20世纪20年代发现窃蛋龙，地点就是这里）出现的高频率来看，这种恐龙非常常见，在它们经常出没的微生境中筑巢。

赫氏嗜鸟龙

侏罗纪
莫里逊组
北美洲西部

　　顾名思义，嗜鸟龙（Ornitholestes）的意思是"鸟类强盗"，1900年在
美国怀俄明州东部发现后不久，嗜鸟龙就被认为具有鸟类的特征。这种恐龙小巧灵活，
长约2米，解剖结构与鸟类非常相像。为此，在1944年，英国鸟类学家珀西·洛夫（Percy Lowe）甚至提出，它活着时是有羽
毛的。

　　这个颇具有先见之明的说法被忽视了几十年，现在终于得到了系统发生学证据的支持。发现这件标本的地方被美国自然历史博
物馆的考察队称为"骨屋"，因为在这里，一个牧羊人几乎完全用恐龙的骨头建了一个小屋子！几十年前，马什和柯普曾经在科摩崖
有过不少重大发现，这个遗址离科摩崖不远。目前为止，这种恐龙的标本仍只发现一件。本博物馆藏品中有一件残手标本，曾被认
为属于这种恐龙，但新的研究表明，这只手很可能属于长臂猎龙（Tanycolagreus），一种生活在同一时代体形非常小的兽脚类恐龙。
它是最早被描述为虚骨龙类的小型恐龙之一。虚骨龙类是一个高级恐龙子类群，现生鸟类也属于虚骨龙类。

　　在早期的复原作品中，嗜鸟龙类的头骨末端往往会加上一个小角。事实上，情况并非如此，而是头骨在化石化过程中发生变形，
被压平后，右侧的骨头向左滑，压在了左侧的骨头上。动物在化石化过程中，几乎不会完好地保持原状。更进一步地讲，动物死后
其实要受到各种各样的摧残，形成化石是概率极低的事件。要想形成化石，动物需要在被食腐动物吃掉之前或骨架被环境侵蚀之前
迅速被掩埋。某些环境比其他环境更适合保存尸体，例如干旱地区就比热带湿润地区要适合得多，因为在高湿高温环境里动物的腐
烂速度极快——当然，被火山爆发或山洪暴发等突发事件掩埋的情形另当别论。大动物的骨骼更耐消耗，与小动物相比更有机会保
存下来。在骨屋采石场，嗜鸟龙类是采集到的唯一一种保存比较完整的小型动物标本。

　　这种差别使得化石记录似乎与实际情况严重不
符。具体来说，我们对小动物，尤其是那些生活在地
球上物种最丰富的陆地环境——热带雨林中的小动物
知之甚少。但我们知道，今天生活在亚马孙盆地的物
种可能比生活在北美洲大平原的物种至少要多1000
倍。然而，有时候我们的运气会比较好。在过去的几
年里，在缅甸北部靠近中国边境的地方发现了早白垩
世化石。在有些挖掘点中，琥珀以及各种昆虫、其他

◁ 嗜鸟龙的头骨。末端的"角"是化石化过程中头骨变
形形成的。

△ 全身覆盖羽毛的嗜鸟龙。嗜鸟龙是一种原始的虚骨龙类，现生鸟类也属于虚骨龙类。这件骨架已经具备了很多鸟类的特征。

▽ 嗜鸟龙通常会以这样的形象出现。今天来看，这件装架好的化石标本看上去跟第109页的恐爪龙装架标本非常相似。

节肢动物和植物的残骸都很常见。极个别情况下，琥珀里还会保存着两栖类和爬行类动物青蛙和蜥蜴。令人惊异的是，它们的外观看起来相当现代。在更罕见的情况下，还会发现羽毛化石，以及基干鸟类和恐龙的部分身体的化石。这片关键区域的研究才刚刚开始，但已经为我们提供了难得一见的图景，让我们对早白垩世多样化水平相当高的热带栖息地有所了解。

　　相比之下，嗜鸟龙类所生存的环境就要差一些。虽然没有很多证据，但我们通过相对零碎的骨头和牙齿碎片所掌握到的情形是，嗜鸟龙类狩猎的环境是一个排水良好的泛滥平原，中间稀疏地点缀着树林，拥挤在河里的鳄鱼、肺鱼和龟鳖类已与今天没什么两样，原始鸟类和翼龙在天空中飞翔，硕大无朋的蜥脚类恐龙在进食灌木和其他林中植物，剑龙在四处徜徉，甚至蜥蜴和原始哺乳动物也大量存在。虽然物种数量远远比不上今天的热带地区，但这样的景观已经足以让人赞叹不已了。

蒙古伶盗龙

晚白垩世

哲道哈达组

蒙古

除了君王暴龙，伶盗龙也是世界上最著名的恐龙之一。当然，这与它作为主要角色出现在《侏罗纪公园》系列电影中不无关系。

电影之所以选中了伶盗龙，可能是因为恐爪龙类（伶盗龙属于恐爪龙类）有一个非常特别的标志性特点——每只脚的第二脚趾上都有一个相当大的、用于抓捕猎物的爪子。在详细介绍这种不同凡响的动物之前，有必要把早期电影中伶盗龙的形象与我们现在所认识的形象做一个对照。如果你能回忆起《侏罗纪公园》中伶盗龙的最初长相和行为，你就知道，它非常符合爬行动物的特征，大小跟一个成年人差不多，集体狩猎，善于在阴郁昏暗的实验室中潜踪蹑迹。

这有什么问题吗？首先，伶盗龙的身体尺寸不对：它没有成人那么大。如果你就在《侏罗纪公园》的那间实验室里，转过那个墙角，很可能就已经把那群伶盗龙吓跑。成年伶盗龙身长跟中等尺寸的郊狼差不多，而且身长的大部分都被尾巴所占据。伶盗龙的头骨与一只非常大的狐狸的头骨尺寸相当，可能只会对兔子构成威胁。因此，跟《侏

△ 伶盗龙适于攫捕的第二指。活着时的伶盗龙爪子应该有图示的两倍大，因为它的骨质爪子还带有一个巨大的角质爪鞘。

罗纪公园》的描述完全相反，对人类而言，伶盗龙的危险程度就跟腊肠犬差不多，轻松就能搞定。第一件伶盗龙标本是美国自然历史博物馆中亚探险队于1923年8月在现在蒙古中部著名的巴音扎克（也就是火焰崖）遗址发现的。相关考察主要是由当时的馆长亨利·费尔菲尔德·奥斯本提出并推动的，他在一篇非常简短的论文中描述了这件标本，颇具先见之明地写道，这是一种"类鸟恐龙"。他当时并不知道，自己的这一判断是多么精准！大约70年之后，有关鸟类起源的话题日益兴起，有时甚至争论得相当激烈，而蒙古伶盗龙都占据着中心位置。

自从首个伶盗龙被发现以来，又有其他一些非常值得关注的伶盗龙标本被发现，而且全都来自蒙古的戈壁沙漠。一些新发现为我们提供了大量有关其生活方式的信息。其中的"至尊标本"无疑是在蒙古中部图格里克遗址——与巴音扎克遗址相邻——发现的"二龙相争"。1971年，蒙古和波兰的古生物学家进行联合考察时发现了这件标本，标本记录了大约8000万年前一个凝固的瞬间。

这件标本包含一只蒙古伶盗龙，以及一只与它纠缠在一起的安氏原角龙。原角龙（见

▷ 无与伦比的"二龙相争"标本，这是古生物学最可贵的珍宝之一。

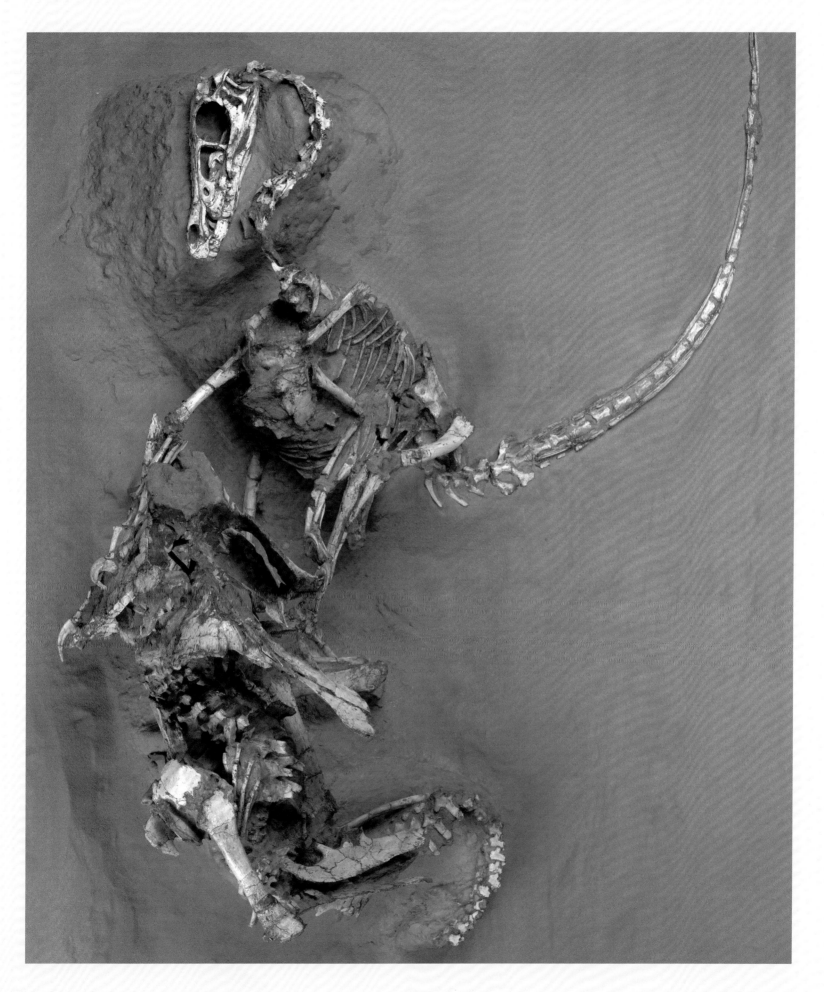

第188页）是一种植食性恐龙，成年个体的大小跟一只大猪差不多。从生态位的角度来说，原角龙就相当于今天蒙古草原生态系统中被狼捕食的绵羊。鉴于这些骨床的保存状况，有很强的证据表明这两条恐龙是被活埋的。这件标本中的成年伶盗龙似乎是在与原角龙搏斗。伶盗龙将用于抓获猎物的大爪子嵌入原角龙头部的重要血管，右臂探入原角龙的嘴里，前臂虽已被咬碎，但尖爪仍在撕开原角龙的脸。毫无疑问，这是8000万年前发生的一次血淋淋的捕食事件。

伶盗龙的几项特征足以证明它与鸟类关系密切。它有一节叉骨（见第225页），头骨中有相当大的空心气窦，腕部可旋转，颈部呈S形，脚上有三个主要脚趾且全部向前。我们还认为伶盗龙是有羽毛的，有两种证据支持这一观点。第一种证据利用了系统发生的方法。有坚实证据表明，现代鸟类以及某些亲缘关系非常近的伶盗龙（其中一些在本书中出现）不仅有羽毛，而且羽毛相当具有

◁ 驰龙复原图。驰龙类非常聪明，运动能力强，长有羽毛。在早期复原图中，恐龙大都被描绘成与蜥蜴非常类似的样子，与本图中所示大相径庭。

△ 蒙古伶盗龙的模式标本。该标本收集于1923年，其重要意义很快就得到了承认。

现代特色，就跟现生鸟类的羽毛一样。既然有直接证据表明长有羽毛的恐龙都是某个共同祖先的后裔，那么这些恐龙长羽毛的最佳解释就是这个共同祖先有羽毛。因为伶盗龙是这个类群的一部分，所以就算没有其他证据，我们也可以推测它也是有羽毛的。更何况，我们的确还有证据来证实这一推测。

1994年，我们团队在戈壁沙漠的库尔三遗址采集到一件相当完好的伶盗龙标本。经过清理，发现在尺骨（前臂下侧的骨头）上有一排小凸起。在现代鸟类翅膀当中，尺骨构成其主要部分，并支撑着翼面上的大部分初级飞羽。只要看到过鸟类飞翔，特别是正在翱翔的兀鹫或信天翁，你就会知道飞羽能够进行微调以优化性能，就像水手会根据风向调整帆来让船的速度达到最快。在现生鸟类当中，这些凸起不仅是羽毛的附着点，也是羽毛运动的枢轴点，而我们在不会飞的伶盗龙的标本中竟发现了相同的结构！从那以后，此类小凸起在一些不同种的兽脚类恐龙标本中都有发现，其中包括体形较大的恐龙，比如身长6米、在西班牙发现的昆卡猎龙（Concavenator）。既然这些恐龙不会飞，那这些凸起的作用是什么呢？很多现生鸟类，比如鸵鸟和猎禽，都会经常运用一下羽毛，有时是为了保护领地而虚张声势地展示，有时则是为了跳舞来吸引配偶。

最后，我们有一些证据表明伶盗龙吃什么——至少在某些时候会吃什么。一般来说，确定古生物的食谱非常困难。最准确的方法当然是找到体腔内尚残留着最后一餐的动物化石。几乎可以肯定的是，伶盗龙是一种肉食性动物；它的尖牙和利爪都适合吃肉。几年前一个日本探险队采集到的一件伶盗龙标本显示，它的最后一餐竟然是一只翼龙（看来这只长翅膀的爬行动物逃开的速度不够快），这也是相当不同寻常的。

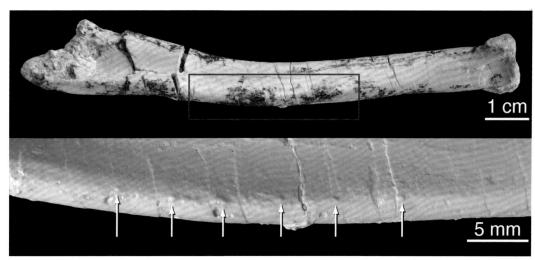

△ 伶盗龙的桡骨（组成前臂的骨骼之一）。这件标本上能看到小型的羽茎瘤。在现生鸟类当中，与之类似的羽茎瘤是前臂（翅膀）上羽毛的枢轴点。

平衡恐爪龙

早白垩世

三叶草组

北美洲西部

也许，恐爪龙的名气应该跟伶盗龙一样大，甚至更大才对。尽管名字没那么朗朗上口，但恐爪龙毕竟是《侏罗纪公园》中"猛龙"的真正原型——只不过，在电影中它们被误称为"伶盗龙"。

恐爪龙是一种非常有意思的动物，它的背后有着引人入胜的故事。而且，通过对恐爪龙的探究，我们还了解到这样一个事实：从历史和解剖学的角度来看，兽脚类恐龙与现代鸟类的起源有着千丝万缕的联系。

恐爪龙是1969年由耶鲁大学古生物学家约翰·奥斯特罗姆（John Ostrom）命名的。1964年，他在蒙大拿州比灵斯附近发现了这种动物的遗骸。奥斯特罗姆曾于20世纪50年代在美国自然历史博物馆做研究，在那里，他结识了已经退休但仍留驻于博物馆的巴纳姆·布朗。20世纪30年代，布朗从三叶草组收集了几具小型食肉恐龙的骨架。布朗收集到的标本中有一件相当完整，他在做研究的时候随口给这件标本起了个名字——迅龙（Daptosaurus，意思是行动迅速的蜥蜴），并绘制了复杂的图样，以备将来出版。

不过，可能是因为赶上了大萧条或第二次世界大战，布朗从未正式发表这项研究。布朗和奥斯特罗姆之间的联系只剩下博物馆档案中一封褪色的信笺，其顶部潦草地写着"致奥斯特罗姆"，笔迹是布朗的。信中指明了布朗发现"迅龙"的位置，而奥斯特罗姆后来将在这里成功地"发现"恐爪龙。令人遗憾的是，在奥斯特罗姆关于这种非凡动物的任何论文中，布朗的贡献都从未得到承认。

跟几乎所有其他驰龙类恐龙一样，恐爪龙体形不大（约2.5米长），双足行走。当然，它自身也有一系列独特之处。最明显的可能就是第二个脚趾上的那只巨大的爪子。我们之前曾经提到过（见伶盗龙，第104页），这个大爪子无疑是用来杀死猎物的。恐爪龙脑容量大、聪明、擅长奔跑，在当时是非常活跃的捕食者。但是，其骨骼中一些极具特色的微妙之处，即骨质特征，将这些动物与现代鸟类紧密联系起来。

虽然"鸟类是一种恐龙"这个观点，可以一直追溯到托马斯·赫胥黎的研究（见第16页），但多亏约翰·奥斯特罗姆的积极倡导，才让这一观点在日后得到了普遍接受。奥斯特罗姆对恐爪龙的腕骨形状进行了检查。此前他曾对早期的鸟类——始祖鸟做过大量的研究工作。在这些研究中，他注意到在这种动物的手腕处有一个半月形的

△ 恐爪龙令人望而生畏的右足。

△ 本博物馆一只已经装架的恐爪龙。可以看到，它长长的尾巴显得硬而且直，因为每节尾椎都向前或向后突出。

骨头，当动物活着的时候，手可以向后折叠。你可以观察一下鸽子的运动状态：当它伸展前臂（翅膀）时，前臂与手能够同时伸出，像折叠的手风琴一样拉了出来。这种运动的支点就是光滑的半月形腕骨，因为这块腕骨的关系，手只能在一个平面上运动。这是一个至关重要的适应性特征，为刚性翅的演化奠定了基础。

半月形腕骨并不是始祖鸟、驰龙类（如恐爪龙）以及现代鸟类共同拥有的唯一的骨质特征。除此之外，它们还同时具有叉骨和骨质胸骨，骨头也都是中空的，而且三只脚趾一样朝向前方，等等。对此，在其他著作中都有详细的讨论，本书就不再赘言了。

奥斯特罗姆对恐爪龙的研究是"恐龙复兴"的关键之一。在此之前，大多数有关恐龙的研究都把它们想象和描画成无精打采、动作迟缓的爬行动物。那时，从事爬行动物研究的古生物学家很少，与从事哺乳动物和鱼类研究的古生物学家不可相提并论。但所有这一切都发生了改变，而且变化的速度非常之快。奥斯特罗姆的学生罗伯特·巴克（Robert Bakker）创作的恐爪龙插图也许是这一转变的最好例证，这幅插图登上了1975年4月《科学美国人》杂志的封面，图中的恐爪龙不再是拖着尾巴的"爬行动物"，而是一只活动能力很强的恐龙，正单腿着地奔跑着追赶猎物。

恐龙形象再造的工作开始了，这次是在生物学的框架下进行的。研究人员取得了相当大的进步，有关恐龙温血、照顾幼崽、高机动性、高智力等理论纷至沓来。但当时还没有人能够预料到，在这个千年结束的时候，人们会做出怎样重大的发现！就在那时，人们在中国东北意义非凡的化石遗址发现了极不寻常的化石，这些化石将为很多新理念提供具体证据，并且将永远地改变恐龙在人们心目中的形象。

1996年，古脊椎动物学学会在纽约召开会议，来自南京的古无脊椎动物学家陈丕基带来了一些照片，照片上是辽宁省出土的一个新的小型恐龙标本。标本长约75厘米，来自距今约1.3亿年前的岩石。照片尽管模糊不清，但仍清楚地显示恐龙身上存在着丝状纤维。后

△ 早期的恐爪龙头骨复原作品，这次复原是以比恐爪龙更原始的兽脚类恐龙——异特龙为参照进行的。我们现在知道，恐爪龙的头骨要轻得多，而且拥有双眼视觉。

△ 这幅恐爪龙图作于1969年，如今已经成为恐爪龙的"标准图"。图中的恐爪龙正阔步奔跑，这意味着恐爪龙不仅行动能力强，而且善于追逐猎物。这项研究后来成了"恐龙文艺复兴"的同义词。

来证明，这些细丝其实就是原始羽毛，是非鸟恐龙长有羽毛的第一项具体证据，这种恐龙也因此被命名为中华龙鸟（Sinosauropteryx）。这是一项很重要的发现，然而与接下来的重大发现相比，却不过是一个注脚而已。

中华龙鸟是一种美颌龙类恐龙，这一类群与鸟类关系较近，只是不及驰龙类那么密切。对标本的初步检查显示，它身上的毛看起来好似莫霍克发型[1]。然而这只是一种错觉，保存在平坦岩石表面的标本，不过是一只三维结构的动物残留在二维平面上的遗迹。后续对该动物的研究清楚地表明，这些毛实际上遍布恐龙的整个体表。有些人认为这些毛就是原始羽毛，但也有许多人坚决反对。

新证据以迅雷不及掩耳之势出现了。首先是尾羽龙（Caudipteryx）和原始祖鸟（Prot）的发现。这两件非凡的标本都覆盖有现代特征的羽毛，其结构与现代鸟类一样：羽毛的中央是一根起支撑作用的轴，称作羽轴，每根细丝都从羽轴散发出来，形成羽片，跟现代鸟类的结构是一样的。跟中华龙鸟的情形不同的是，所有人都同意，这两种恐龙是带羽毛的。不过，反对"鸟类就是恐龙"这一假说的人认为，这两种动物其实并非恐龙，而是不会飞的鸟类。他们还进一步辩称，中华龙鸟标本中发现的毛其实是肌肉和肌腱降解后的副产品。

实际上，即便这两种恐龙不是驰龙类，但尾羽龙（全身长有羽毛，包括胳膊上的大羽和尾扇）能够归入窃蛋龙类却是毋庸置疑的。而且，一些新标本明白无疑地显示出，其中一个标本应该是驰龙类。这件标本的绰

---

① 也称"莫西干发型"，将大部分头发剃掉，保留中间部分的头发并使之竖直上翘，形成一种夸张、前卫的视觉效果，著名球星大卫·贝克汉姆曾以此发型引领风潮。

△ 绰号"戴夫"的中国鸟龙的复原图。直接化石证据表明，戴夫全身长有羽毛，一些羽毛（前臂部分）与现生鸟类非常相似。

号叫"戴夫"，保存得相当完好，通常认为是一只中国鸟龙。戴夫被保存在中国国家地质博物馆的两块石板上（见第223页）——我们管这叫作"书签"：想象一下，如果一只鸽子被夹进一本非常厚重的书里，压扁后放置多年，那么，当书页打开时，就会有两页书上留下羽毛和骨头的印记。在戴夫这个案例中，在细密的层积岩中出现的是一只保存得极为完好的恐龙的两个半边身体，从姿态来看，这只恐龙仿佛被钉上了十字架；它全身都覆盖着羽毛，其中一些羽毛是原始的单根纤维，而另一些，特别是前臂上的羽毛则是具有现代特征的羽毛。

自从戴夫被发现以来，在中国东北从中侏罗世到早白垩世的岩石中，已经发现了数以百计甚至数以千计的驰龙类和伤齿龙类化石。其中包括一些非常奇妙的、全身覆盖着羽毛的动物。很久以前就有人预测，恐龙身上是有羽毛的，但当时所有人都无法预知，这些化石将如何改变我们对恐龙的认知。

蒙古蜥鸟龙

晚白垩世

哲道哈达组

蒙古

美国自然历史博物馆的中亚考察，是对现在蒙古戈壁沙漠进行的第一次高度组织化的古生物学考察作业。这些考察（1922年—1928年）完全可以跻身当时规模最大的科研工作之列。

考察花费了大量的资金，从汽车到野外用品，所有补给都是从美国运来的。大本营是一个旧日的皇宫，跟今天北京的天安门相距不远。本博物馆科学家驱车穿过华北平原，驶向蒙古遥远边陲。在此之前，运送汽车零件、汽油和其他设备的骆驼大篷车在沿线上建立了补给站。他们一直到达了蒙古的乌尔格，也就是今天的乌兰巴托，拿到了必要的许可证，然后从乌尔格来到化石场。

这次大规模考察项目的动机是验证本博物馆馆长亨利·费尔菲尔德·奥斯本心中偏爱的一种理论：人类起源于亚洲。尽管中亚考察项目没有成功找到与人类起源相关的化石，但却发现了到当时为止最重要的一些恐龙标本，开辟了古生物学考察的新领域。除了伶盗龙、窃蛋龙以及第一批有详细记录的恐龙蛋和恐龙巢，当时最重要的发现之一就是蜥鸟龙——一种小型兽脚类恐龙。

当时，人们对伤齿龙类的认识非常混乱。伤齿龙属于以肉食为主的兽脚类，它们的牙齿相当不同寻常。大多数种类的伤齿龙的牙齿都有大型齿突，而通常来说，植食性动物才有齿突。最早的伤齿龙类骨架是19世纪在美国西部发现的，"伤齿龙"这个名字，无疑与这样的牙齿特征有关。因为这些牙齿与典型的肉食恐龙的牙齿不同，这些恐龙被误认为是同一时期生活的剑角龙。剑角龙是一种植食性恐龙，属于鸟臀类，是肿头龙类的一员。直到20世纪初期，这一混乱才得以厘清。显然，蜥鸟龙这个命名反映了这一曲折的认识过程。顾名思义，蜥鸟的意思就是"爬行的鸟"，是一种与鸟类非常相像的非鸟恐龙。

伤齿龙类的多样化水平似乎并不高。到目前为止，最常见的伤齿龙类是来自中国东北晚侏罗世的一种叫作近鸟龙的小型动物。已经发现的近鸟龙标本数以百计，全都显示出一系列与鸟类近似的特征。最具代表性的例子是一块保存了一套完整羽毛的化石。这些羽毛既包括绒羽（主要起隔热作用），也包括正羽（中间有羽轴）；正羽通常与展示和飞行相关。近鸟龙的羽毛之所以引发研究人员的关注，不仅仅因为羽毛的结构，更重要的是羽毛的分布。近鸟龙的前肢有带羽毛、像翅膀一样的飞翼，这一发现

△ 恐龙科学也引发了不少不拘一格的幻想。这件复原作品呈现的是，如果脑容量大的恐龙（比如伤齿龙）在小行星撞击后幸存下来会演化成什么样。也许会成为体形巨大、头脑聪明、双足行走的家伙也说不定。

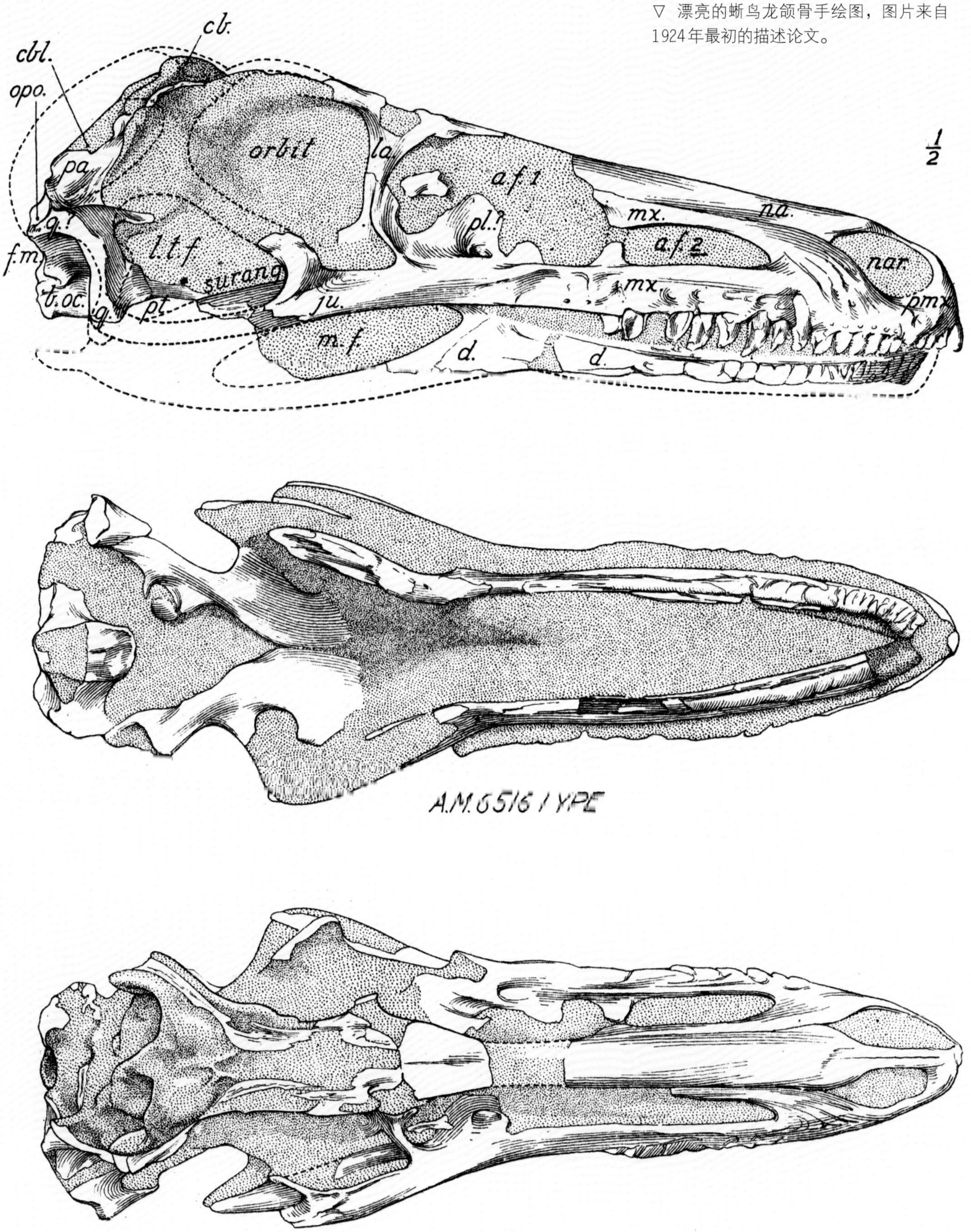

▽ 漂亮的蜥鸟龙颌骨手绘图，图片来自1924年最初的描述论文。

△ 蜥鸟龙的模式标本。奥斯本当时就意识到，这件标本对鸟类的起源意义重大，其命名也反映了这一点。

相当让人感到意外。不过更让人意外的是，近鸟龙的后肢也存在与之相应的结构。就像属于驰龙类的小盗龙（见第123页）一样，似乎飞翼（真正能进行动力飞行的翅膀的前身）最初演化出来时就是序列结构，在前肢和后肢都存在。大多数人都会同意，尽管近鸟龙和小盗龙这样的恐龙不能像当今鸟类一样，进行真正的动力飞行，但并不能排除这样一种可能，即它们能展示出某种程度的展翅行为。它们能像院里的肥鸡一样，靠扑打翅膀离开地面，或者从树上跳下来。或许，这是它们获得真正动力飞行技能的第一步。

蜥鸟龙和它的近亲扎纳巴扎尔龙（Zanabazar）身上存在很多引人注目的特征，其中之一就是它们的大脑。如今，通过CT扫描，研究人员可以确定这些恐龙大脑的样子。尽管大脑本身没有保存下来，但颅骨保存下来了。颅骨内表面显示，大脑填满了头骨的整个后部，这意味着如果我们通过数字方法填充脑壳，就能准确地呈现出大脑的大小和形状。像这样的分析已经在一些不同的恐龙身上应用过，这些数据表明，高级恐龙的大脑大小和复杂程度与早期鸟类相当。

不同寻常的化石往往能向我们揭示意料之外的知识，在极为特殊的情况下，甚至能揭示动物的行为。21世纪初，在中国东北的早白垩世陆家屯骨床中发现了一只保存非常完好的小型恐龙。虽然解释不一，但许多人认为这里的骨床是由火山灰形成的。火山云中含有有害气体，落下的火山灰迅速积聚，就像公元79年由于维苏威火山喷发而毁灭的罗马城市庞贝和赫库兰尼姆一样。寐龙（Mei long）的情形就是如此。寐龙是一种伤齿龙类，寐在汉语中是"酣睡"的意思。这件长约40厘米的标本之所以了不起，不仅仅因为它非常完整，更是因为它向我们提供了一个意义非凡的生理学指征。

该标本是以蹲坐姿势保存的，长长的尾巴缠绕在身体周围。最值得注意的是，它的头紧紧地

▷ 小型伤齿龙类寐龙的复原图。复原图中的姿势与化石中的姿势一样，身体蜷起，尾巴绕成环状，头部位于前臂和躯体之间。

△ 晚侏罗世伤齿龙类近鸟龙的化石，这种恐龙的化石常常引发轰动。比如这件标本就不仅保存了羽毛，还保存了颜色模式信息。

贴在前臂下方。这与现生鸟类休息或睡眠时所采取的姿势相同,这个姿势可以减少体表面积从而保持体温。这是一项强有力的证据,表明寐龙是温血动物。

所有这些来自其他伤齿龙类恐龙的发现,让我们对蜥鸟龙有了新的认识。奥斯本当时并不知道,自己多么富有先见之明!如果今天这种动物出现在一家动物园里,如果你只是一个漫不经心的普通游客,那么从外貌和行为来看它无非就是一只奇怪的鸟。

△ 蒙古乌哈托喀遗址的一个伤齿龙类巢穴。刚刚出壳的恐龙在最上部,这有可能意味着在幼龙出壳后,它们的父母仍然会回到巢穴。

▽ 扎纳巴扎尔龙的头骨。图中所示为CT扫描图,表明它的大脑跟鸟类非常相像。

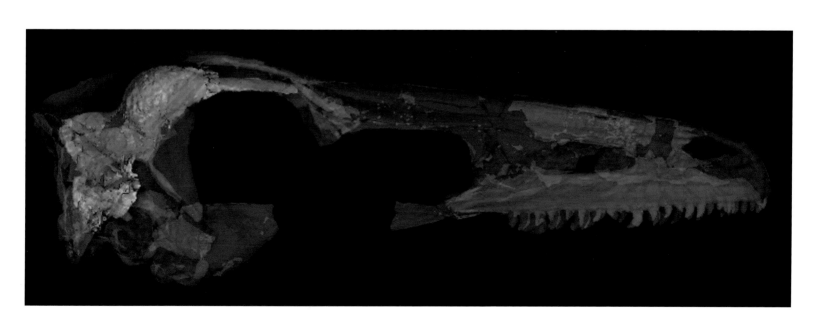

印版石始祖鸟

晚侏罗世

索伦霍芬组

德国

　　始祖鸟（Archaeopteryx）这个词来自希腊语"古老的翅膀"，是全球最著名的化石之一，第一件标本（只是一根羽毛）在1860年左右发现，后来由德国古生物学家赫尔曼·冯·迈耶（Hermann von Mayer）描述和命名。

　　虽然有一些证据表明，这根羽毛与后来发现的骨架并不属于同一物种，但它在古生物学史上仍占有标志性的地位。1861年，伦敦自然历史博物馆获得了第一具骨架标本。当时许多声名显赫的古生物学家都指出，这明显是一种奇怪的生物，不仅有羽毛、牙齿和爪子，还有一条长长的尾巴。羽毛构成了飞翼以及很大的扇形尾巴，它的存在，立即表明始祖鸟与鸟类的起源有关。但在1974年的一篇论文中，耶鲁大学古生物学家约翰·奥斯特罗姆评论说，如果羽毛没有被保存下来，始祖鸟就会被认定为一种小型兽脚类恐龙。

　　这件自然历史博物馆标本（现在叫伦敦标本）立即被查尔斯·达尔文（Charles Darwin）和他的追随者抓住不放。早在此前的1859年，达尔文的《物种起源》就已出版，那时一些人批评说，其理论缺乏中间形态的化石记录作为佐证，而这些环节正是演化过程中不可或缺的关键步骤。因此，始祖鸟一经发现，便被早期进化论者视作动物演化过程中的一种过渡形态，从而成为此前"缺失的环节"的直接证据。

　　就骨骼之外的其他特征而言，把始祖鸟当成传统恐龙和鸟类演化的中间形态可能并无不妥。现生鸟类生长速度快，比如我们吃的鸡通常只有6—14周大。在你下次去公园时，看看你是否还能找出那些鸽子宝宝——鸽子长得很快，大约一个月就会离巢。非鸟恐龙的生长速度较慢。虽然大多数恐龙体形较大，但经体形调整后它们的生长速度比鳄鱼快，比鸟类慢。2009年发表的一项研究表明，始祖鸟的生长速度虽然不如现代鸟类，却比非鸟恐龙更快。达尔文是对的，从大多数方面而言，始祖鸟都是一种过渡性动物。

　　始祖鸟是一种小型动物，大小跟乌鸦差不多。由于它极其引人注目，在各个层面都得到了大量的研究。其中有很多研究颇具争议，但最有争议的领域可能是它会不会飞。虽然始祖鸟的前肢上长有大型飞翼，而且覆盖着不对称羽片（通常与空气动力学功能有关），但骨架的一些部分表明它无法进行真正的动力飞行，至少不能像现代鸟类那样进行动力飞行。

　　飞行是非常辛苦的，对体重超过几百克的动物而言是辛苦，而且非常耗费能量。为了弥补这一点，鸟类进化出了非常刚性的骨架，这意味着当鸟类飞行时，肌肉中的全部能量都传递给了拍扑动作，而没有传递给身体

◁　第一件被发现的始祖鸟标本。在年代如此久远的岩石中发现如此现代的羽毛，着实令早期的古生物学家们大吃一惊。

▷　令人叹为观止的始祖鸟柏林标本。

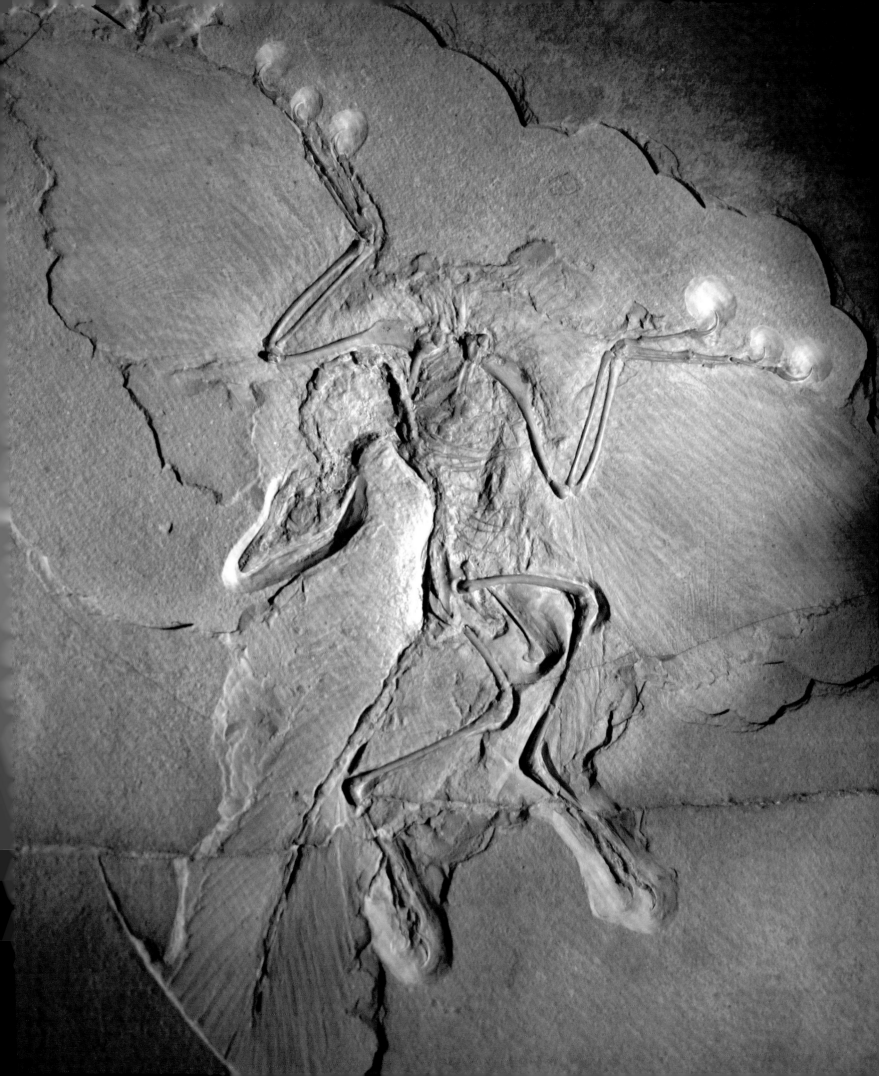

和尾巴的动力学运动。在现生鸟类当中，很大部分的背骨都是融合的，肩带的结构几乎没有为骨架各元素之间的运动提供机会，这是为了最大限度地将每一次肌肉的拍扑动作都传递给翅膀。现生鸟类也没有长而灵活的尾巴。相比之下，始祖鸟的骨架结构较为松散，很有可能无法进行动力飞行（现代鸟类那种神奇飞行能力意义上的动力飞行），但有可能进行我们所说的展翅活动。这是飞行演化的过渡阶段，它类似于一只鸡为了躲避入侵者而扑打翅膀从院子的一侧"飞"到另外一侧，而不是像燕子或雨燕那样在空中飞行。诚然，现代鸟类式的飞行可能要等到早白垩世，系统发生水平达到孔子鸟（Confuciusornis）的水平时才能演化出来。孔子鸟是一种常见的原始鸟类，在中国东北，这种鸟的标本发现了数千件。与更原始的鸟类不同，孔子鸟没有尾巴，也没有牙齿，有刚性背骨，肩部结构也牢固地融合在一起。毫无疑问，孔子鸟能够进行真正的动力飞行。

一直以来始祖鸟都是色彩分析的对象。羽毛的颜色是由几种成分调和而成的。其中之一是一类被称为类胡萝卜素的化合物，它赋予了鸟类，如北美红雀和猩红丽唐纳雀，鲜艳的色彩。然而，被称为黑素体的结构同样重要，尽管它不像类胡萝卜素那么激动人心。黑素体是存在于细胞内的含有细胞器官的色素，而且令人难以置信的是，黑素体可以化石化，经过数千万年的时间，仍可以被扫描电子显微镜检测到。深入的数学分析已经证明，黑素体的形状是一个指示器，能够反映羽毛过去是什么颜色的。驰龙类的小盗龙曾被确定为闪亮的黑色，但现在利用这种技术，平行的黑素体的指向表明它其实是彩虹色的。辽宁早白垩世遗址的恐龙蕴藏量相当

△ 美轮美奂的小型驰龙类恐龙——伶盗龙标本。羽毛的保存状况极佳。正是通过对这件标本的取样，研究人员发现了伶盗龙颜色的秘密。

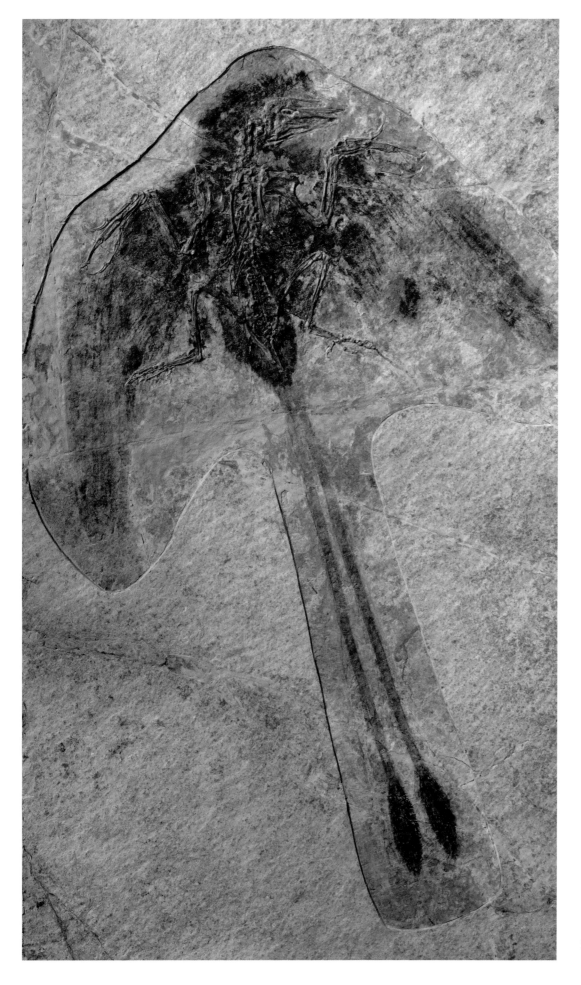

丰富，其中不少恐龙都用这种方法进行过研究。

同样的技术也被应用于始祖鸟。2011年，对一根据称是始祖鸟的羽毛进行的详细分析表明，黑素体是一种赋予黑色的类型。这并不是说整个动物都是黑色的，但这种颜色确实构成了真实存在的羽毛的一部分。

因为名声太大，始祖鸟于是也成为各种争议指向的引雷针。其中一个例子是，20世纪80年代，一些著名的天文学家和物理学家离奇地声称，这些标本是伪造的。虽然他们的动机仍不可知，但有一种说法认为，相关主张背后的那个人英国生物学家理查德·欧文（Richard Owen），他从未信服达尔文的进化论（生物的特征代代相传，略有改变），他想通过这种方式设一个陷阱，让达尔文和赫胥黎难堪。尽管这一主张被坚决地驳倒，但恐龙的魅力深入人心，也难免会吸引一些浅薄之人加入战团。从企业家到平行领域的著名科学家，所有人都希望发表意见，然而遗憾的是，他们的意见往往都不太站得住脚。

作为一名偶像，始祖鸟仍然是各种令人兴奋的科学发现的焦点。近几十年来，又有大量标本出现，而我们已经知道，每出现一个新标本，都不可避免地会出现更多的问题。

◁ 生活在早白垩世的孔子鸟的化石，发现自中国东北部。

5 cm

△ 这幅小盗龙复原图为这种恐龙赋予了
彩虹光泽的蓝黑羽毛。

帝王黄昏鸟

晚白垩世

尼奥布拉拉组

北美洲西部

到白垩纪中期，大多数大陆都已呈现出目前的形态，只有印度次大陆是个例外，它是原印度洋中的一个大岛，在非鸟恐龙灭绝后的千百万年里缓慢地漂移，并最终与亚洲相撞。

然而，尽管北美洲所处的位置与今天相同，面貌看上去却大大地不同。这是因为北美洲和其他大陆被水淹没，形成了广阔的内陆海，海中生物的数量不可胜数。庞大、卵胎生、生活在水中的沧龙类身长能达到近15.2米，巨大的海龟和许多种类的大型鱼类在温暖的浅水中游弋。大大小小的翼龙（有些是庞然大物）在天空中飞过。菊石、箭石和其他无脊椎动物在海中游来游去。这是个非常独特的环境，与当今的大多数海洋栖息地大异其趣。

除了这一切之外，这里还有一种不寻常的鸟。在这里，"鸟"这个概念用得比较宽泛——它其实不是真正的鸟，因为所有现生鸟类之间的关系都比与这种动物的关系更密切。然而它与现代鸟类的演化辐射紧密相关，是现生鸟类的近亲。这种动物被称为黄昏鸟，它的遗骸（或那些亲缘关系非常近的近亲的遗骸）在北半球的所有古热带海域都有发现。

黄昏鸟是一种大型、不会飞的鸟类，长近1.8米。19世纪70年代初，耶鲁大学著名古生物学家马什的野外队员首次发现了这种动物。黄昏鸟的不同寻常之处在于，它不仅不会飞，而且还长有牙齿。不过牙齿仅限于下颚，上颚则显示出一些特征性迹象，表明它支撑着一个角质的喙，就像今天的鸟类一样。这种鸟还有许多其他特征，表明它与现代鸟类关系密切；再加上牙齿等原始特征，它于是成了记录鸟类起源的进化论思想的招牌动物——事实上，正因它的意义如此重大，所以马什于1873年宣布："我们有幸发现了这些有趣的化石，从而打破了鸟类和爬行动物之间的旧有界限。"几十年来，作为一种呈现过渡形态，但又高度特化的古生物，黄昏鸟的重要性丝毫没有下降。

黄昏鸟会潜水，在水里用脚产生推力，就像潜鸟一样，与企鹅这样的水下飞行家形成鲜明对比。它前肢柔弱无力，不能用来划水。虽然我们没有发现任何胃内容物，但它那长长的喙和喙中的牙，则强烈地表明它以鱼类、鱿鱼或远洋甲壳类动物为食。有证据显示，黄昏鸟偶尔也会成为猎物，有一件标本显示出它被蛇颈龙（一种生活在海

▷ 黄昏鸟就好像是长了牙齿的企鹅，很多适应性特征表明这种鸟是以吃鱼为生的。

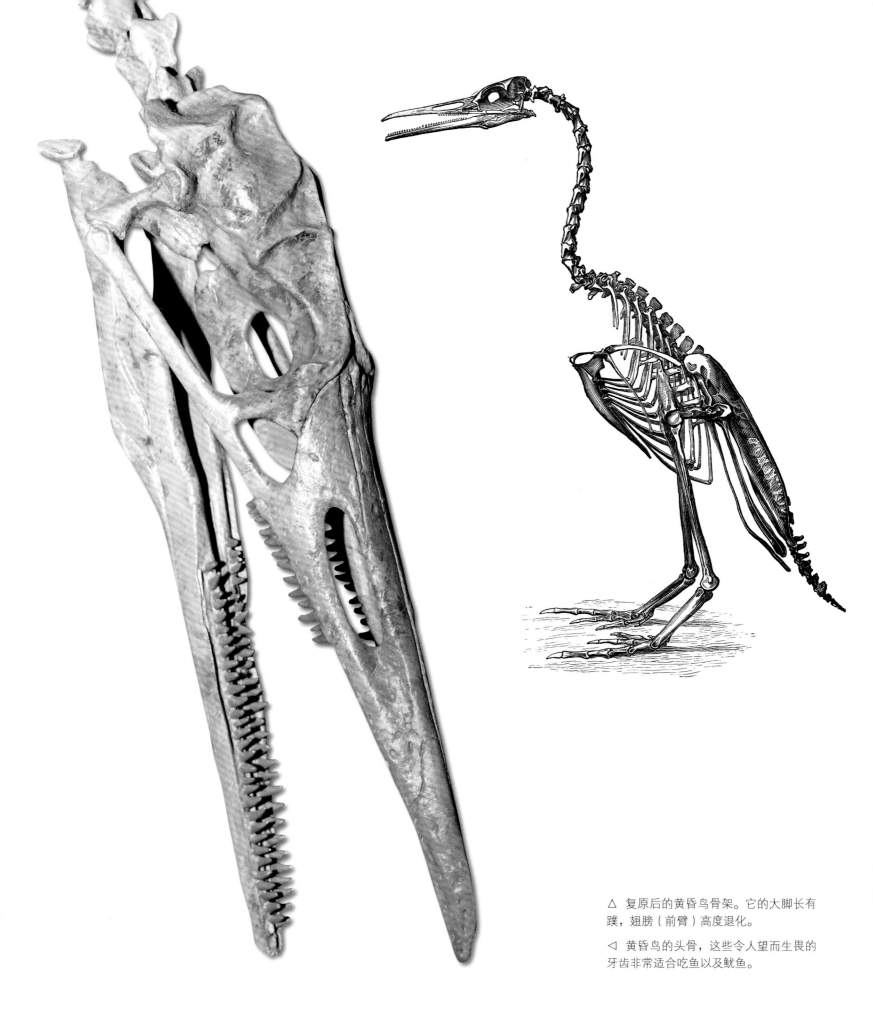

△ 复原后的黄昏鸟骨架。它的大脚长有蹼，翅膀（前臂）高度退化。

◁ 黄昏鸟的头骨，这些令人望而生畏的牙齿非常适合吃鱼以及鱿鱼。

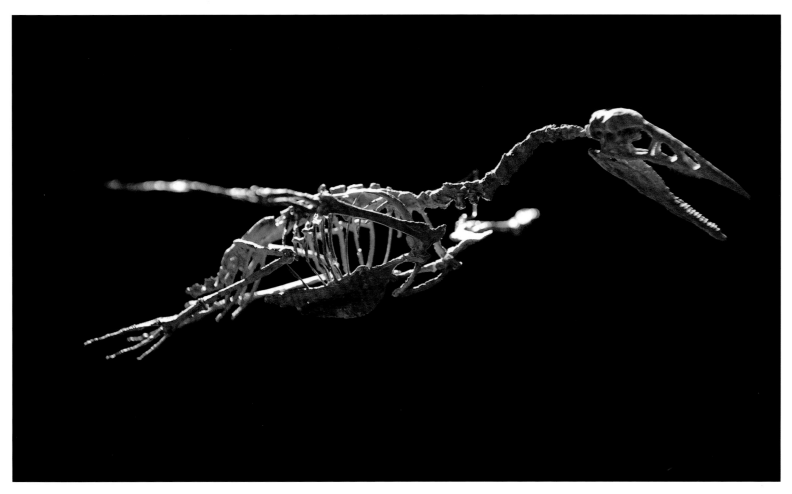

△ 鱼鸟长有牙齿，会飞，生活年代跟黄昏鸟差不多，有可能也是吃鱼能手。

中的爬行动物，通常栖息在内陆海道）攻击的痕迹。这只黄昏鸟很幸运，逃过了一劫，因为它被牙齿咬穿的区域存在明显的愈合痕迹。

在发现第一批黄昏鸟标本的堪萨斯沉积岩中，还发现了另一种与之类似的长牙齿的鸟类，这种鸟被命名为鱼鸟（Ichthyornis）。鱼鸟的发现时间与第一批黄昏鸟的发现时间差不多，从那时起，从萨斯喀彻温省到墨西哥湾沿岸，在大多数发现内陆海道化石的遗址都发现了鱼鸟的化石。这种动物要小得多，它的上颚和下颚都有牙齿（上颚只在中段有牙齿）。与黄昏鸟不同的是，它会飞，至少可以说飞行能力相当不错，在生态系统中的位置可能相当于现代的海鸟。

鱼鸟在"化石之战"中发挥了突出的作用。所谓的化石之战，是指美国两大古生物学家——耶鲁大学的马什和费城的柯普之间爆发的引发大量关注的口水战。堪萨斯农业学院的本杰明·马奇（Benjamin Mudge）在堪萨斯州西部一望无际的白垩沉积物中发现了许多重要化石。由于马奇不是古生物学家，他慷慨地与许多专家分享了他的发现。多年以来，他与柯普的关系一直非常密切，以前曾将许多重要的标本转交给他。当马什得知马奇的一些新发现（包括后来被称为鱼鸟的有齿鸟类化石标本）后，他半路杀出，鼓励马奇更改已经打包好的箱子的目的地。因此，这些化石最终没有到达费城，而是送到了纽黑文，于是双方的口水战升级，你来我往，相当不堪。

马什在1872年首次发表了关于鱼鸟的论文。然而当时他完全误解了他所掌握的材料，认为这件长了牙齿的双颌标本属于一个海洋爬行动物小类群，只不过是与一只鸟的骨架出现在了同一个地方而已。直到1873年他才认识到，实际上颌骨就是这只鸟的一部分。

直到1877年研究人员才知道，黄昏鸟原来是有牙齿的，因为当时发现了保存完好的头骨材料。但考虑到马什在1873年就描述了鱼鸟的牙齿，因此鱼鸟而非黄昏鸟成为第一种长牙齿的"鸟"。尽管始祖鸟在此之前就已经被描述，但原始标本没有显示出头骨上存在着支撑牙的迹象（第一个保存了牙齿的例子是1884年描述的柏林标本）。长牙齿的鸟这一发现没有逃过达尔文的眼睛。1880年，达尔文宣称，堪萨斯这只长牙齿的鸟，把鸟类的现在，与它们作为爬行动物的过去，成功联系到了一起，"为演化理论提供了最佳支持"。

长腿恐鹤

中新世中期

圣克鲁斯组

巴塔哥尼亚

如果你熟悉1961年在戏剧舞台上演出的儒勒·凡尔纳的经典科幻作品《神秘岛》，你肯定会记得这样一个场景：一只巨大的鸟攻击流落在一个无人热带岛屿上的联邦逃亡者。大约1300万年前，像这样的鸟确实曾存在于中新世的南美洲，我们叫它恐鹤（Phorusrhacos）。

这是一种体形巨大、不会飞的鸟类，高约2.5米，重达130千克。恐鹤的头骨非常大（最长可达60厘米），有一个钩形的喙。与恐鹤亲缘关系密切的骇鸟（Kelenken，发现地也是在中新世中期的巴塔哥尼亚）头骨更大，长达71厘米，因此得以跻身已知的最大鸟类头骨之列。它的脖子非常粗壮，研究人员认为这是为了适应主动捕食的生活方式。它的脚部表现出特化的迹象——脚趾上长了巨大的爪子，这也是为了适应捕食。从双腿来看，这种动物能够快速奔跑。

泰坦鸟（Titanis）是一种与恐鹤关系密切的物种，通过在美国佛罗里达州和得克萨斯州发现的零碎遗骸得到鉴定。研究人员认为，这一类群虽然发现于北美洲，但是祖先来自南美洲。很久以前，巴拿马地峡的闭合为南北美洲生物迁徙提供了便利，许多南美洲的动物通过"南北美洲生物大迁徙"来到了北美洲，泰坦鸟就是这些迁徙者的后裔。在现生动物当中，与这一类群成员亲缘关系最近的是叫鹤，叫鹤科鸟类主要生活在陆地上，是一种高度肉食性的鸟类。

纵观南美洲的历史，很长一段时间里，它都是一个岛屿大陆（跟今天的澳大利亚差不多）。最初，所有的大陆都连在一起，这个超级大陆叫作泛大陆。超级大陆的存在解释了为什么许多早期恐龙动物区系在世界各地如此相似。大约2亿年前，泛大陆开始解

△ 恐鹤头骨，前端是钩子一般的喙。恐鹤的头骨非常坚硬，足以经受住捕食大型动物时产生的压力。

△ 恐鹤的复原图。

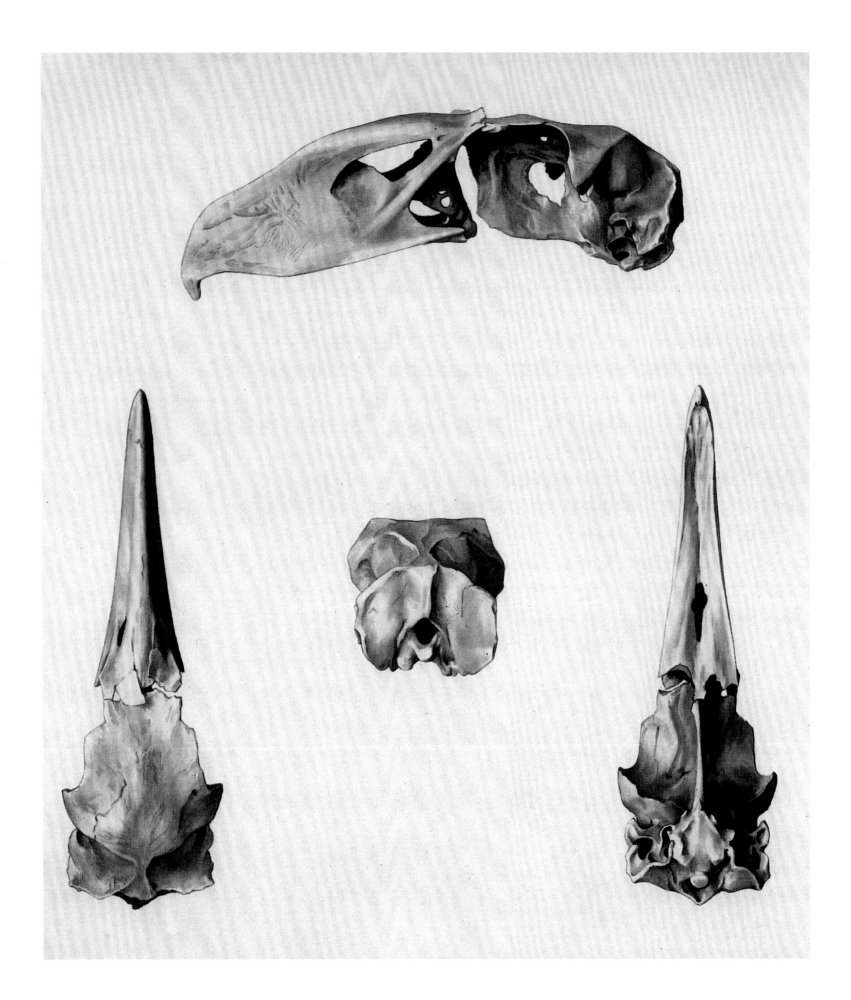

体。经过一次影响深远的大分裂，超级大陆沿东西向分为南北两个大陆，北部大陆被称为劳亚大陆，南部大陆被称为冈瓦纳大陆，两个大陆各自发展出更为本土化的动物区系。随着分裂继续进行，到了大约1亿年前，南美洲已经与非洲分开。分开后的南美洲基本是在孤立的状态下演化的，产生了一些独一无二、有区域特色的恐龙。其中一些恐龙，在6600万年前那次白垩纪—古近纪大灭绝中幸存了下来，并演化成了有区域特征的恐鹤类群。

新生代南美洲高度特异化的动物区系的一个奇特之处在于，基本上没有大型哺乳动物捕食者的存在。相反，其他动物占据了相应的生态位，比如像狮子一样的大型陆栖鳄类（比如西贝鳄）。恐鹤也是这个生态系统中的顶级捕食者之一。恐鹤与其近亲甚至能够用尖喙长爪干掉大型动物。有些研究人员已经提出，从北美洲迁徙到南美洲的大型肉食性哺乳动物（如猫科动物和犬科动物）的竞争，可能是恐鹤灭绝的一个关键原因。

◁ 水墨风格的恐鹤头骨图。在现代数字技术出现之前，这种图非常常见。

▷ 查尔斯·奈特是最早的恐龙插画师之一。他与科学家们紧密合作，而且非常刻苦地钻研恐龙解剖结构。

巨型冠恐鸟

始新世晚期

瓦萨奇组

北美洲西部

　　大鸟的种类很多。恐鹤（见第128页）是一种非常大且不会飞的鸟类，但当我们说一种动物很大的时候，并不意味着它很凶猛。冠恐鸟，也称不飞鸟，就是一个例子。

　　这种大型鸟的化石最早是在19世纪欧洲的始新世骨床中发现的。从那时起，北美洲也发现过冠恐鸟，中国可能也有发现。冠恐鸟从很早的时候就声名远播，它高逾2米。最开始，研究人员认为它是肉食性动物，因为它是与曙马（即始祖马）在相同时代的沉积层发现的，一件早期复原作品表现出冠恐鸟嘴里衔着一只奋力挣扎的始祖马的情形。

　　然而有一些科学家认为它不是肉食动物。仔细检查骨架可以发现，这种说法并非没有根据。它的腿粗壮笨拙，不适合快速运动，而这种体型的肉食动物必须能快速运动才行。此外，与身体相比，它的头特别大，而且身体敦实，不像大多数食肉动物那样轻盈灵活。新近的生物力学分析表明，它的咬合力十分强，比肉食动物要强得多。脚印证据显示，冠恐鸟没有肉食性恐龙（包括鸟类）通常都有的利爪。最后，冠恐鸟骨骼的化学成分（特别是钙同位素）与植食性恐龙和哺乳动物的化学成分相似，而与霸王龙和恐鹤等无可争议的肉食动物骨骼的化学成分不同。谱系分析表明，冠恐鸟与鸭、鹅和冠叫鸭存在亲缘关系。

△ 这种鸟相当怪异，而且身体比例也相当古怪。从体形来看，没有哪种现生鸟类能与之相比，而且大多数大型现生鸟类都长有大长腿。

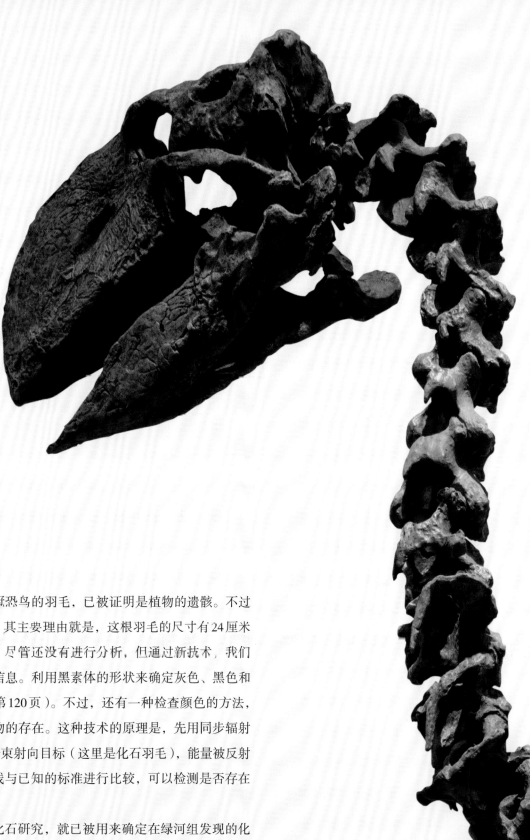

▷ 巨大的头骨和喙让很多研究人员认为冠恐鸟是一种捕食者。不过现代研究支持冠恐鸟属于植食者这一观点。

在科罗拉多州绿河组发现的被推定为冠恐鸟的羽毛，已被证明是植物的遗骸。不过另有一根羽毛，则已被确认属于这只巨鸟，其主要理由就是，这根羽毛的尺寸有24厘米长。这是一根宽脉的羽毛，来自同一遗址。尽管还没有进行分析，但通过新技术，我们可以让这种羽毛告诉我们有关动物外貌的信息。利用黑素体的形状来确定灰色、黑色和泥红色色素的方法前文已经介绍过了（见第120页）。不过，还有一种检查颜色的方法，那就是用强能量光束来检测微量显色化合物的存在。这种技术的原理是，先用同步辐射光源将粒子加速到很高的速度，然后将粒子束射向目标（这里是化石羽毛），能量被反射回来并收集到探测器中。将特定的能量谱线与已知的标准进行比较，可以检测是否存在某些元素（及其氧化和还原状态）。

这种耗资不菲的技术才刚开始应用于化石研究，就已被用来确定在绿河组发现的化石鸟的颜色，包括前文提到的羽毛已经分析的冠恐鸟。此外，一只鼠鸟标本也曾经过这样的分析。通过分析标本中保存的那几根可见的羽毛残片，研究者成功复原了其一系列不同的成分。由于此类研究仍处于初级阶段，这些成分特征究竟如何转化为真实色彩模式，还有待确定。尽管如此，我们已经不再仅凭猜测来确定冠恐鸟和小盗龙等已灭绝恐龙的羽毛颜色——只要付出足够的努力，再加上一点运气，我们就能知道得一清二楚。

恩氏板龙

晚三叠世

多个地层

欧洲北部和中部

板龙（Plateosaurus）是一种出现很早的恐龙，毫不奇怪，与它非常类似的恐龙遍及今天的所有大陆。因为那时，所有大陆连接在一起，构成一个超级大陆——泛大陆。

板龙通常被描绘成两足行走的动物，最近的研究证实了这一点。这些恐龙都是植食性动物，食物在吞下之前只在口腔里经过很少的加工，而且，与它们后来那些体形巨大的亲缘物种一样，板龙可能具有肠道发酵囊。甚至有人认为，板龙可能是杂食性动物，会吃些腐肉或小的猎物作为补充。和许多其他恐龙一样，它经过20年左右就能达到成年体形。

△ 板龙是早期蜥脚类恐龙最好的例子之一。

板龙化石在德国西南部的斯瓦比亚地区非常丰富，在那里，它有时被称为"斯瓦比龙怪"（Schwäbischer Lindwurm）。早在1834年，人们就发现了后来被鉴定为板龙的恐龙化石，比在英国第一批恐龙化石的发现稍晚。

很长一段时间以来，板龙以及其他类似的恐龙，一起被归入原蜥脚类（Prosauropoda）（意思是"原始蜥脚类"）。随着推算谱系的新技术的出现、研究的深入和相关发现的增多，情况变得越加复杂，"原蜥脚类"这个名字也不再被使用。

"原蜥脚类"中最原始的类群被命名为板龙类（Plateosauridae），板龙就属于这个类群。板龙类动物具有两足活动能力，但其他较高级的类群则不太倾向于两足行走。

然而，许多所谓的"原蜥脚类"，与后来的蜥脚类动物的关系，要比与板龙的关系更为密切，这一点从它们的解剖结构上可以明显看出来。这样的动物有好几种，主要来自英国、南美和非洲南部。这里面包括农神龙（Saturnalia），它是一种1.5米长的小型两足动物，产自阿根廷或是津巴布韦（这些地方在盘古大陆上处于相邻的位置）。此外还有槽齿龙（Thecodontosaurus），它产自英格兰南部，是另一种最早被描述的恐龙（1836）。其他的"原蜥脚类"，特别是产自亚洲的那些，体形很大。其中一种名叫云南龙（Yunnanosaurus），体长达7米；产自其附近位置的禄丰龙（Lufengosaurus），体长达9米。

关于"原蜥脚类"，有一点值得注意，因为它们通常出现在恐龙史的早期（晚三叠世和早侏罗世），所以它们在所有陆地（甚至包括南极洲和格陵兰岛）上均有发现，总体上体形结构差别不大。由于那时各大洲都连接在一起，全球各处都出现了极其相似的动物。例如，在美国东北部的康涅狄格州发现了其中一种名为近蜥龙（Anchisaurus）的恐龙，在南非的同时代岩层中发现了一种名为黑丘龙（Melanorosaurus）的恐龙，二者非常相似，有些人干脆认为它们是同一个种。近蜥龙是一个奇怪的例子。近蜥龙是最早发现的恐龙之一，1818年发现于康涅狄格州，它的骨头曾被发现者认为属于一个远古人类。其他标本在马萨诸塞州的采石场发现，但

几乎被爆破所毁坏。美国内战期间，康涅狄格州的河流上修建了一系列的桥梁。其中一名工人注意到，在建筑中使用的一些石头里面填满了骨头。包含了部分骨架的石块的其中一截被交给了采石场的场主，后来被耶鲁大学皮博迪博物馆（Peabody Museum）收购。直到1969年，当这座桥被拆除时，这具骨架的两截才被重新合并在一起。

△ 目前还不知道板龙的体表覆盖物情况如何。已经知道它是一种半四足行走的动物。

▷ 在一些情况下，骨床中发现过有好多板龙标本聚在一起。

长梁龙

晚侏罗世

莫里逊组

北美洲西部

梁龙（Diplodocus）是蜥脚类恐龙。它与雷龙（Brontosaurus）（见第142页）都是大型博物馆里最早被装架陈列的蜥脚类恐龙。

　　有好几种梁龙都来自同一个地层，且都已经被命名。梁龙之所以在国际上广为人知，成为一种世界性的恐龙，很大程度上拜美国实业家安德鲁·卡内基（Andrew Carnegie）所赐，因为他将大量装架好的骨架，捐赠给了世界各地的博物馆。梁龙最早于1877年被发现，并于1878年被耶鲁大学的研究组命名。它的标本由雅各布·沃特曼（Jacob Wortman）所采集，之后在1901年由约翰·贝尔·哈彻（John Bell Hatcher）进行描述。这件标本非常完整，采集后被送到了匹兹堡新建的卡内基博物馆，由创立美国钢铁公司的富豪安德鲁·卡内基承保。哈彻把标本命名为卡内基梁龙。安德鲁·卡内基万分激动，把标本的铸型复制件送了世界各地的机构，包括伦敦的自然历史博物馆（Natural History Museum），该博物馆将其放置在中央大厅展出，直到2017年。此外，铸型标本还被捐赠至德国的柏林、俄罗斯的圣彼得堡、阿根廷的拉普拉塔、意大利的博洛尼亚，以及其他地方。

　　梁龙都属于一个恐龙类群，毫不意外，就是梁龙类（Diplodocoidea）。这类恐龙在许多地方都有发现，而且包括一些非常多样化、亲缘关系很近的类型。例如，巴塔哥尼亚早白垩世拉阿马加组的阿马加龙（Amargasaurus），其颈部上面有一个冠，与之亲缘关系密切的来自坦桑尼亚的叉龙（Dicaeosaurus）也有一个类似的冠。即使是最奇怪和最特别的蜥脚类动物之一，尼日尔龙（Nigersaurus），也是一个亲缘物种，它的下颚有500多颗牙齿，这些牙齿可能每14天就会更换一次。

　　在蜥脚类恐龙中，梁龙是一种较为常见并且非常出名的动物——尽管人们对于是否有一

△ 巴纳姆·布朗和莉莉安·布朗（Lillian Brown）在怀俄明州东部豪伊采石场的大型恐龙采掘地点。

△ 梁龙的复原图显示了它的许多显著特征——非常长的脖子，相当轻盈的身体和一条特别长的尾巴。直到最近才发现沿中线部位有角质龙骨的化石证据。

件头骨可以指定为这一类型的模式物种还存在着分歧。它的骨架有几个不同寻常的特点，其中之一是鼻孔位于精致的头骨上端，就在眼睛之间的位置。一些早期的古生物学家认为这是一种水生适应特征，因此这种动物可以在头部被浸没的情况下进食，并且还能保持呼吸。但是这种看法现在已经不可信了。最近有人提出，这些结构的作用是支撑着鼻子像象鼻一样伸长，今天包括大象和貘在内的具有这种长鼻的哺乳动物，在它们的头骨上部较高的位置都有很大的鼻孔。不过，这一观点尚未被普遍接受。

梁龙的一个显著特点是颈和尾巴都非常长，二者加在一起占据了身体长度的大部分。这些又长又大的颈部看起来，好像有着极不相称的重量，如果不是尾巴的重量提供了合适的平衡，梁龙就会不断地向前栽倒。但这颈部并没有你想象的那么重：单个的颈部骨节（椎骨）非常轻。CT扫描分析显示，骨质表面非常薄，包围住很大的充气空间——换句话说，椎骨本质上是中空的。但它们怎么能在中空的同时又很坚固呢？有一个非常好的类比，那就是在世界上大多数主要城市的天际线都能望见的塔式起重机。它们的桁架由轻巧但坚固的钢跨组成，出于体系结构的原因，它们是刚性的，但大部分重量却由非常结实的钢缆撑持，这些钢缆从起重机的末端延伸到操作人员座位的塔架上方。

这正好与梁龙或其他长颈蜥脚类动物体内一样，不过替代立在空气中的刚性钢桁架框架的是像桁架一样、里面充满了空气的脖子。而替代紧绷着承载大部分重量的钢索的则是附着在颈部骨骼上的长长的肌腱，肌腱一直向后延伸到脖子后面椎骨上高高的突起。在这种情况下，自然和人类工程十分相似地交汇在同一种解决方案上，构建出一种既坚固又轻便的梁架结构。

△ 尽管与梁龙的亲缘关系没有那么密切，但尼日尔龙显示出许多重要的蜥脚类特征，比如收缩的鼻孔和数量众多的牙齿。它的嘴里有大约500颗牙齿。

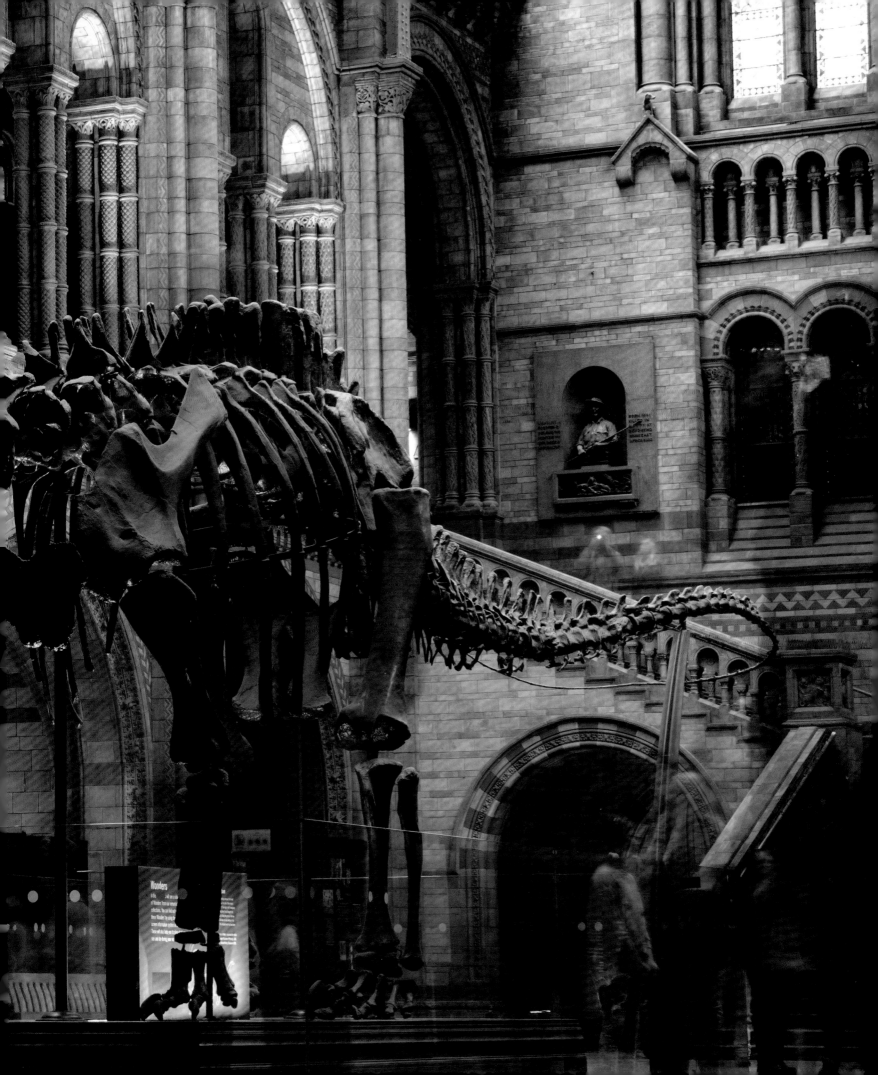

◁ 这具梁龙骨骼的铸型标本曾经为伦敦自然历史博物馆的大厅增色。

△ 这只来自阿根廷早白垩世的阿马加龙，脖子上有一个高高的冠。

　　梁龙，以及其他许多蜥脚类恐龙，它们的尾巴也是独一无二的。如前所述，它为动物的长脖子提供了一种平衡。蜥脚类恐龙的早期复原图描绘了这些动物将巨大的尾巴拖在地上的情景。这张流行的图片被改画成辛克莱石油公司的标志（见第142页，雷龙），至今仍在使用。这一观点现在已经过时了，因为过去几十年的研究清楚地表明，这些动物将尾巴举在空中，而不是像鳄鱼一样拖在地上。

　　其中一种证据是足迹。恐龙的足迹非常常见，从这些印迹的研究中可以了解到很多东西，它们移动的速度和行为都可以通过观察足迹化石来确定。现存的长着长尾巴的动物，比如科莫多龙、巨蜥和鳄鱼，在后肢印迹之间会显示有一条明显的深深的尾沟，这是尾巴拖曳的痕迹。大多数蜥脚类恐龙的足迹（或其他恐龙的足迹）都没有这种痕迹。很明显，这说明这些动物的尾巴是平行于地面的，而不是拖在它们身后。对尾骨本身的分析表明，与颈部一样，其各个椎骨是由韧带沿着尾部的上部撑持的，韧带是从髋部椎骨高突部位伸出的，非常强健。

　　我们已掌握梁龙身体外部软组织的直接化石证据，对一种蜥脚类恐龙而言，这实属稀有。已经发现的皮肤印迹表明，梁龙表皮柔软，带有圆粒状的突起。此外，有人甚至认为这种动物可能长有一个角质喙。

　　梁龙尾巴的末端很奇特。豪伊采石场是著名的采集地点，本博物馆古生物学家巴纳姆·布朗在20世纪30年代首次发掘。最近在这个地点的一些发现表明，梁龙尾巴顶部有呈冠状排列的尖刺，这些刺可能是角质的，高出尾巴约18厘米。尾部末端的椎骨很小，20厘米长，像铅笔那么粗。由于缺乏撑持所需的强有力的结构，尾巴末端可能会柔软地吊着，在行走的时候来回摇摆。一个有趣但无法验证的想法是，这些动物会用尾巴的末端作为信号装置：尾巴经过抽打，其速度可能超过声速，这样一来，便能够产生一种像驯狮者的鞭子那样的小音爆。

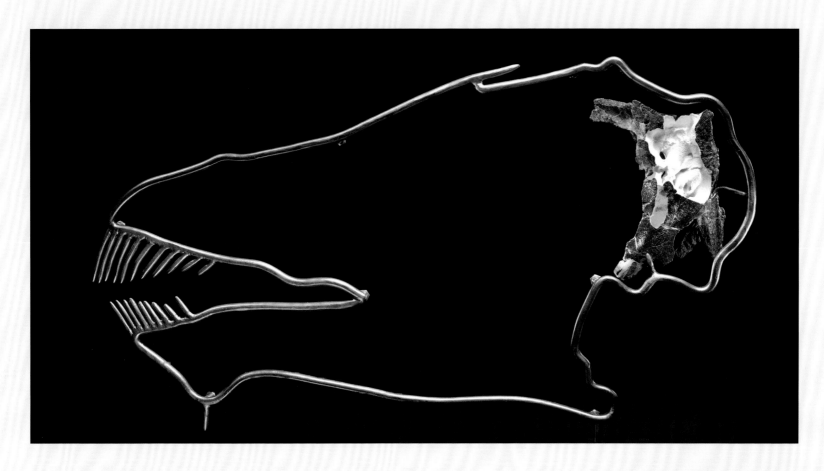

△ 即使是这类动物最大的个体，其大脑（这里用白色描绘）也非常小的。

▷ 这些动物尾巴的末端非常纤细。在尾部尖端，每一节椎体都只比铅笔稍微结实一些，就如这只梁龙体内的尾椎骨一样。

▽ 目前还没有发现"木乃伊化"的蜥脚类恐龙，但发现了一些引人注意的身体覆盖物残留，比如皮肤印迹和角质鳍的碎片。

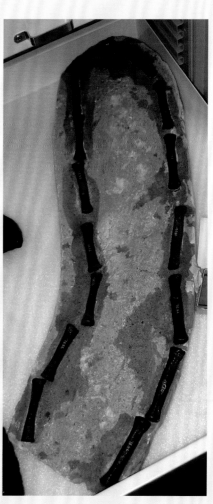

秀丽雷龙

晚侏罗世
莫里逊组
北美洲西部

信不信由你，雷龙（Brontosaurus）是世界上最受欢迎的恐龙之一，它有着不同寻常的名字，意思是"雷霆蜥蜴"。它是一种大型蜥脚类，是北美最大的蜥脚类恐龙之一。雷龙的形象出现在各种媒体上，从早期的动画片，比如《恐龙葛蒂》（1914），到20世纪60年代的电视节目（《摩登原始人》），再到石油公司的标志（辛克莱石油公司），它是非古生物界人士所熟知的为数不多的（也是最受珍视的）名字之一。像大多数其他蜥脚类恐龙一样，雷龙有一条长长的脖子，一个结实的身躯和一条长长的尾巴。而且，与它的近亲物种一样，它有一个相对较小的、轻巧的头颅。它的上下颚都长着许多铅笔状的牙齿，但这些牙齿仅存在于吻部的末端。它们不是用来咀嚼的，而是用来把大量的食物耙进嘴里——也许每天多达几百千克。这些食物大部分质量很低。

雷龙生活在大约1.56亿年前，位于现在的北美洲西部。当时，开花植物或被子植物还未多样化。被子植物现在是地球上的主要植物类群，它们富含能量，构成了食物链的基础。我们直接食用了很多被子植物，蔬菜和块茎植物都属于此；与此同时，也间接食用了它们，因为它们是我们食用的动物，比如鸡、牛和猪的主要饲料。从这样低质量的食物中获取热量非常困难，我们不知道这种巨型蜥脚类是如何消化食物的，但已经提出了一些合理的想法。

△ 辛克莱石油公司是巴纳姆·布朗在美国西部活动的赞助商。

其中最被普遍接受的想法是，这些动物收集植物草料并将其储存在消化道的巨大前庭或憩室中。食物停留在那里并且发酵，恐龙吸取的能量是细菌分解植物的发酵产物。今天生活在太平洋一个小岛群岛上的加拉帕戈斯象龟也进化出了类似的机制。虽然我们不能确定这就是消化的机制，但这是迄今为止提出的最合理的解释。

雷龙的命名史比较复杂。这种动物原定的两个属的恐龙

◁ 为博物馆的装架雷龙雕刻头部。因为没有发现雷龙的头骨，所以必须生造一个出来。不幸的是，他们选错了模型，用的是圆顶龙而不是梁龙。这在20世纪80年代得到了纠正。

▷ 1904年，技术人员在博物馆组装了雷龙。这是有史以来装架的第一件蜥脚类恐龙。

都是混淆不清的，而这种情况才刚刚开始得到解决。学名由科学命名规则来规范，这是一项准则，规定了科学家为生物命名的方式。这项准则的宗旨之一是，当一个物种被命名时，它必须是唯一的，并且给动物起的种名要合理。

19世纪70年代初，耶鲁大学派往美国西部的野外考察人员发现了许多极其重要的标本，其中一件在1877年被耶鲁的古生物学家马什称为迷惑龙。两年后的1879年，马什发现并描述了另一件标本。他把这件标本命名为雷龙。两件标本都相当不完整。到20世纪初，人们推断这两种动物代表了同一个物种，遵循科学命名的规则，并且由于在科学文献中首先使用的是迷惑龙，因此迷惑龙被认为是合理有效的名称。20世纪90年代初这种情况更加突出，人们对这些化石做了大量的研究，并将"雷龙"这个名字扔进了垃圾箱，尽管公众对这个名字的熟悉程度远远超过了默默无闻的迷惑龙。旧习惯很难改变，许多人是在以雷龙为恐龙偶像的大众文化中成长起来的，他们大声抱怨，但也无济于事。

然而，自2015年以来，根据对这些动物的重新考察，雷龙这个名称现在已经恢复。这为新的研究提供了有力的证据，证明雷龙和迷惑龙是截然不同的物种，这两个名称都是合理的名称，分别代表两种不同的大型蜥脚类恐龙。不过这一争论远未定论，而"雷龙"这个名字的有效性仍然存在争议。

△ 在1995年重新装架陈列的雷龙，它被安装在博物馆的蜥臀目恐龙展厅。与之前的姿势不同的是，头部仅略高于身体，而尾部则保持在离地面很高的位置。

大圆顶龙

晚侏罗世

莫里逊组

北美洲西部

北美洲晚侏罗世时期，蜥脚类恐龙占据了统治地位，圆顶龙（Camarasaurus）是所有这些恐龙之中最常见的一种。

它的化石遍布莫里逊组地层的各个地点。成年恐龙体形较大，体长可达23米。圆顶龙这个名字的意思是"有腔蜥蜴"，指的是动物脊椎上巨大的腔和洞。这是巨型蜥脚类动物的一个共同特征，当然也是一种减轻体重的方式，对呼吸系统也可能产生一些影响。

圆顶龙与其他的莫里逊蜥脚类动物比如雷龙、重龙（Barosaurus）和梁龙有很大不同。它的头部并不是长形低矮的，而是具有一个非常钝的吻部和带有巨大鼻孔的高圆顶状头骨。这些特征被用来与大象和貘相比较，推测其脸部的前部可能支撑着一个类似象鼻的结构。然而，这个想法并没有得到高度重视。圆顶龙具有很长的颈部，看起来比其他蜥脚类恐龙距地面更高，而且颈部位置比其他蜥脚类恐龙的更为垂直，与腕龙（Brachiosaurus）相似。它的牙齿也不一样：圆顶龙的牙齿不像在梁龙和雷龙那里发现的细铅笔状的牙齿，而是笨重的匙形牙齿，并且常常呈现出强烈的磨损表面。这说明，这些动物比起其他许多大型蜥脚类恐龙，可能更有能力对食料进行较多的口腔加工。

一个有趣的波折是，在美国自然历史博物馆里，很长时间内装在雷龙上面的是个圆顶龙的头骨。最初的雷龙标本都是在没有头骨的情况下被发现的。几十年来，雷龙的头骨一直不为人知，因此，当第一只雷龙于1905年被装架陈列在博

▷ 在美国犹他州的美国国立恐龙公园（DinosaurNational Monument），一具异常完整的圆顶龙幼龙骨架被发现的时候，呈现着典型的"死亡姿势"。

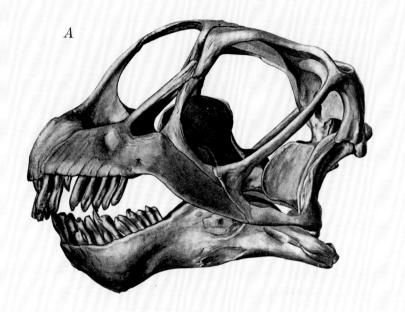

A

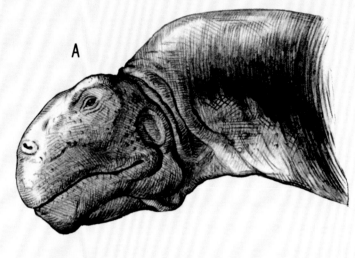

A

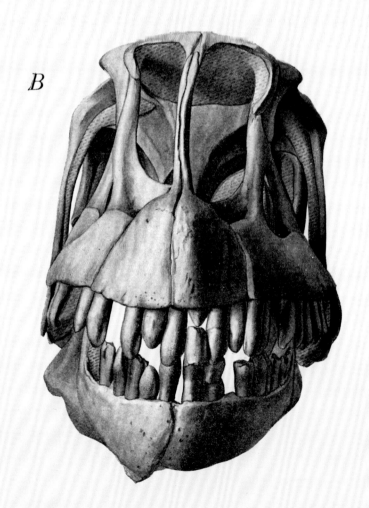

B

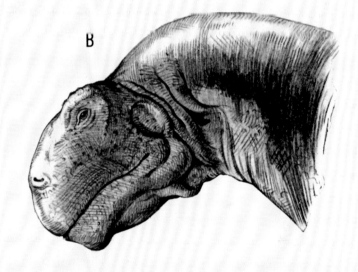

B

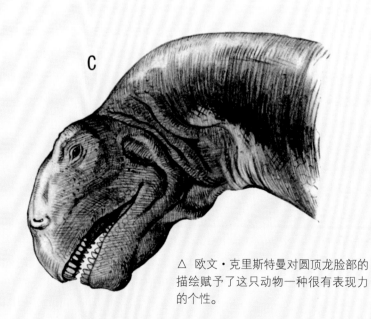

C

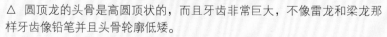

△ 圆顶龙的头骨是高圆顶状的，而且牙齿非常巨大，不像雷龙和梁龙那样牙齿像铅笔并且头骨轮廓低矮。

△ 欧文·克里斯特曼对圆顶龙脸部的描绘赋予了这只动物一种很有表现力的个性。

物馆时，头骨被修复成看上去像只大型的圆顶龙，因为当时人们认为雷龙和圆顶龙有着密切的亲缘关系。20世纪80年代的研究表明，事实上雷龙和梁龙有着密切的亲缘联系，由此有好几件雷龙的头骨得到了鉴定，它们看起来都很像梁龙。

圆顶龙是怀俄明州豪伊采石场最常见的恐龙，但不幸的是，在大萧条和第二次世界大战的艰难岁月里，大多数标本都已经被毁。20世纪80年代，私人商业化石收藏家重新开始了在豪伊采石场的运营，他们发现了许多圆顶龙标本。在这些遗骸中含有软组织元素；其中一些肯定与圆顶龙有关联，而另一些可能是梁龙，甚至可能是一种罕见的莫里逊蜥脚类恐龙。

圆顶龙的软组织在颌骨周围部分保存得最好，这些组织表明牙齿深深地嵌在肉质的牙龈中，只有尖端突出。另一种豪伊采石场的软组织可能来自梁龙，包括在尾巴顶部或背部的长长的三角形角质尖刺。有意思的是，近些年来发现了如此之多的软组织的地点，早在几十年前就已经首次取样。是否早期的古生物学家们并没有去寻找这些材料，还是在准备工作的过程中这些材料被破坏了，这些都已经不得而知。无论如何，他们的发现极大地改变了我们对这些动物的认识。

▷ 在豪伊采石场挖掘活动踊跃的时期，这里成了一个相当吸引游客的地方。

▽ 在国立恐龙公园的晚侏罗世岩层中发现了一只圆顶龙的头骨和颈部。

高桥龙

晚白垩世

GRÈS À 爬行动物组

欧洲西南部

当我们想到恐龙的时候，通常不会认为欧洲是它们史前活动的温床，尽管就是在那里，第一批恐龙化石被发现，并被确认为远古爬行动物的骨骼。在欧洲这个地方，法国南部田园诗般的乡村更容易与美酒、美食和印象派画家联系在一起，而不是恐龙古生物学家。但是在1846年，在英国首次发现恐龙之后不久，法国地质学家皮埃尔·马瑟龙（Pierre Matheron）在普罗旺斯散布着优质葡萄园的岩层中描述了这种蜥脚类恐龙的第一具遗骸。

几十年来，随着更多发现的出现，这些遗骸被认为属于巨龙类（Titanosaur），是晚白垩世全世界最普遍存在的蜥脚类恐龙。这类恐龙包括白垩纪晚期迁移到北美的巨龙类，如产自得克萨斯州的阿拉摩龙（Alamosaurus）；产自亚洲的奇特的长颈品种，比如长生天龙（Erketu）；产自巴塔哥尼亚和亚洲的巨大恐龙；以及奇异的非洲和印度种类，它们有体甲和尾锤，对蜥脚类恐龙来说这是不寻常的。这一类群甚至包括一些侏儒类型，比如产自欧洲的欧罗巴龙（Europasaurus），晚白垩世时期的欧洲还是一个岛屿型群岛。这些动物并不是庞然大物，到成年时仅有6米多，并且被当作岛屿矮态的一个例子。

关于高桥龙（Hypselosaurus）最独特的事情是，在最初的遗骸被发现后，当马瑟龙在挖掘更多的标本时，他偶然发现了大型蛋的碎片。通过考察这些蛋的周长，他认为如果属于高桥龙的话，这些蛋就太小了。根据股骨的长度，他正确地推断出，高桥龙是一种非常大型的蜥脚类动物，至少有15米长。他根据当时已知的最近已在马达加斯加灭绝的象鸟（Aepyornis）的蛋，得出了高桥龙蛋的近似值。结果证明马瑟龙弄错了，与体形相比，象鸟的蛋不成比例地过于偏大。虽然没有明确的证据表明这些是高桥龙的蛋，但有很好的证据表明它们是巨龙类的蛋。这些蛋被发现与高桥龙的骨头有联系，但其中任何一个蛋内都没有发现胚胎，我们无法确定其物种。

在世界其他地方还发现了许多其他已经确定的巨龙类的蛋，对这些蛋的详细考察，使我们能够识别出不含胚胎的巨龙类蛋。其中最为壮观的是阿根廷的一个叫奥卡·玛胡夫的地方，那里有大量的巨龙卵群，表明它们可能是共同筑巢。关于这些阿根廷恐龙蛋，有一些特别的地方需要注意。其中一个是许多蛋都保存有胚胎。虽然恐龙胚胎化石在过去的几十年里变得越来越普遍，但这些都很特殊。这些蛋不

▷ 人们对高桥龙的骨骼知之甚少。因此，表现其形象需要很大程度地以亲缘关系密切的动物为依据。

仅保存着细小的骨头和牙齿，还保存了独特的化石皮肤，由此给予了我们对蜥脚类恐龙宝宝皮肤的第一印象。关于阿根廷蜥脚类筑巢地的其他一些事情也非常吸引人。也许最不寻常的是这样的观点，认为这些蛋可能是被热液喷口"孵化"出来的。最新的观点推测，大多数恐龙蛋（除了那些与鸟类亲缘关系最密切的恐龙）都埋在用植被和沙子垒成的巢穴中，这样就可以像现生鳄鱼那样保持它们的湿度和温度稳定。尽管热液喷口假说听起来很奇怪，但今天在一些冢雉鸟类中也发现了类似的行为，它们在火山口附近筑巢，利用地热孵化它们的卵。

　　巨龙类的巢穴在全世界都很有名，为人们了解这些动物的生活方式提供了一个视角。在印度，人们发现它们与巢穴中的大型蛇类的骨架有关联；这些情况是偶然发生的还是蛇在捕食蛋或幼龙，目前还不清楚。在东欧，巨龙的巢穴很常见，而且通常呈线形排列，恐龙显然是在那儿一连串地产卵，然后，据推测，将它们覆盖起来。我们真正知道的只是这些动物的多样性和繁殖习性，考虑到它们在生态、食物、体形和分布上的差异，很容易令我们今天见到的现生恐龙相形见绌。

△ 长生天龙是一种体形相对较小的恐龙。然而按照比例，它的脖子是已知恐龙中最长的。

▷ 许多蜥脚类动物筑巢地的复原图将它们描绘成共同筑巢的动物。图中一只梁龙在照料它的幼崽，这是在大约1.54亿年前美国西部的一片漫滩上。

▽ 尽管高桥龙的骨骼很罕见，但在法国南部它们的蛋随处可见。有时发现这些蛋大量聚集在一起，也许表明它们是共同筑巢的。

约氏巴塔哥巨龙

晚白垩世

科诺巴西诺组

南美洲南部

最大的恐龙有哪些？这是一个难以回答的问题，因为有不少角逐者。这个星球上的许多人都从大小的角度进行比较，但有几个问题却使冠军的选择变得困难：最大是指最高的、最重的还是最长的？这个问题很可能会产生三个不同的答案。在所有条件相同的情况下，巴塔哥巨龙是有史以来采集到的最大的恐龙之一，甚至可以说它就是最大的。

2008年，阿根廷南部巴塔哥尼亚一处庄园的一名工人，在一个非常干旱的峡谷里的一座小山上偶然发现了一些风化的骨头。他把这些情况报告给了庄园主，然后这位庄园主通知了位于丘布特省首府特雷利乌市的地区博物馆里的古生物学家。这个地区数量丰富的令人难以置信的化石，使之成为100多年来古生物学发现的温床。这项资源让特雷利乌市的埃吉迪奥·费鲁利奥古生物博物馆（Egidio Feruglio Paleontology Museum）培养出了一批非常有才华的古生物学家。当他们第一次看到这些标本的其中一部分时，他们的热情立刻就高涨起来：这是一种非常巨大的动物，有能力竞争为史上最大的陆地动物。

在这片大约有一亿年历史的沉积物中进行的挖掘很快就开始了。由于大量的土层必须被清除，而骨骼又非常巨大，这项工作分了好几个开挖季节来进行。六个不同个体的150多块骨头被收集起来，与任何地方能够挖掘出的动物相比，他们所发现的是这个星球上最令人惊叹的动物之一。

对巴塔哥巨龙（Patagotitan）的分析表明，它的高度是5.5米，长度约为40米——尽管经修正后，长度稍微减少。这种恐龙骨骼如此巨大，以至于一根股骨（大腿骨）的长度就超过了2米。化石标本的重量超过400千克。据一些人的估计，活着的巴塔哥巨龙成年后体重约为69吨；其颈部长度超过12米——而模式标本仅成长到85%的大小。晚白垩世的巴塔哥巨龙漫游在被蜿蜒的溪流分割开来的一片森林地带，很像今天的东非地区。

那么巴塔哥巨龙是迄今为止发现的最大的恐龙吗？这儿还有一些其他的角逐者。其中有一种名为阿根廷龙（Argentinosaurus）的动物，同样来自巴塔哥尼亚，是个庞然大物，大小与巴塔哥巨龙相当。不过，我们对阿根廷龙的骨骼知之甚少，因此很难直接进行比较。同样，在中国河南省也发现了一具高度碎片化的骨骼，名为汝阳龙

▷ 在芝加哥自然博物馆展出的巴塔哥巨龙。

约氏巴塔哥巨龙　155

△ 这幅复原图呈现了一只颜色单调的巴塔哥巨龙，几乎就像只大笨象。它活着的时候，全身皮肤的颜色可能更丰富，整个身体的皮肤纹理变化也要大得多。

△ 许多巨龙类，也就是巴塔哥巨龙所属的类群，在皮肤下面埋有大片的骨头（称为皮内成骨），甚至尾巴末端也有大尾锤。这块产自印度的巨龙类皮内成骨像一个餐盘那么大。

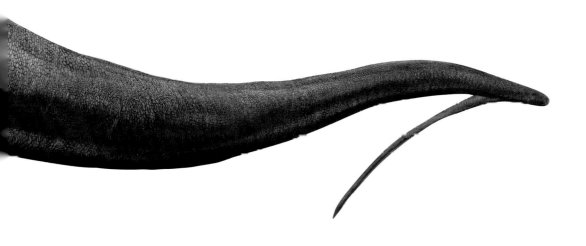

（Ruyangosaurus），其岩层年代约为1.15亿年。它是在公路建设过程中被发现的，也是残破不完整，很多保存下来的骨头还没有被挖掘出来。

　　所有这些巨型动物都属于同一个恐龙类群，那就是巨龙类。在白垩纪，巨龙类是一个遍布各处的类群，它们的遗骸在各大洲都有发现。然而，它们被认为起源于冈瓦纳大陆（见第30—31页），尽管在北美和欧亚大陆也有一些来源于劳亚大陆的例子。从体形结构来看，巨龙类就是典型的蜥脚类：长颈，长尾，小小的头以及大大的身躯。但有几点需要注意，一些巨龙类具有体甲，由嵌在皮肤里的骨头块组成。这种称为皮内成骨的体甲在许多鸟臀类恐龙中相当普遍，在其他蜥脚类恐龙类群中却没有。此外，类似于鸟臀类中的甲龙类，有些巨龙类的尾巴末端有巨大的骨质块或尾锤，我们只能推测它们可能的用途。

大斋重龙

晚侏罗世

莫里逊组

北美洲西部

莫里逊组是晚侏罗世的一个岩层序列，出露于美国西部山间的广大地区。这些沉积层产出了许多具有历史意义的恐龙，与北美恐龙采集活动早期阶段有关。

△ 重龙的脊椎骨。虽然它看起来很大，但实际上它很轻。外表面非常薄，内部被很大的充气空间占据。

这些恐龙中的许多已经被描述过了，比如异特龙（见第62页）和雷龙（见第142页）。这些大型恐龙采集于19世纪末，其中许多恐龙很快就在20世纪初被装架陈列在世界各地的博物馆里。重龙（Barosaurus）就是最为稀有的大型莫里逊蜥脚类恐龙之一。

重龙是一种体重较轻但极为修长的蜥脚类恐龙，成体长达26米，但有一些迹象表明，有些重龙的长度可能两倍于此。重龙与亲缘关系较近的莫里逊动物在比例上有所不同：它的脖子比梁龙长，尾巴比梁龙短，而骨骼则比雷龙轻。

蜥脚类恐龙的特征之一是它们极长的颈部。蒙古科学院和美国自然历史博物馆的科学家们在蒙古的东戈壁省巴库渥地区收集的巨龙类恐龙长生天龙（见第152页）将这个特点发挥到了极致。虽然它不是一种非常大的恐龙，但与身体大小相比，它的颈部在比例上可能比任何其他已知蜥脚类动物的颈部都要长。其他许多大型恐龙，例如峨眉龙（Omeisaurus）和马门溪龙（Mamenchisaurus），也具有在比例上非常长的颈部。

自从这些恐龙被发现以来，它们脖子的用途和形态位置一直是备受争论的话题。一个早期的想法认为这些动物是水生的。许多蜥脚类动物的鼻孔都长在它们的头顶上，正好就在它们眼睛的前方，这意味着它们可以通过这些开孔呼吸，而它们的头部则浸在水下觅食。由于浮力的问题，这个理论很轻易地就被否定了。蜥脚类动物的身体与其他恐龙尤其是蜥臀类恐龙一样，密度不高，很容易漂浮起来。最常见的想法是，长颈蜥脚类动物利用它们的脖子像长颈鹿那样从高大的树上摘取植物。这听起来很合理，但仔细推究，这理论也变得站不住脚。

△ 犹他州东部凹凸不平的峡谷极佳地展露了莫里逊以及其他中生代地层。这里就是博物馆的重龙被采集的地点。

重龙脊骨的各个部分，包括颈部和尾部，是通过可以活动的扁平方式相互连接的（除了尾巴的最尖端之外）。其活动平面是由这些连接面相对于彼此的方向决定的。对大多数蜥脚类恐龙的这些连接面的分析表明，颈部几乎不可能垂直移动。这些动物无法把头抬起到远远高于背部的高度。因此，疑问仍未解答，如果不能啃食高处的树叶，为什么要进化出一条长长的脖子？

答案再直白不过。蜥脚类恐龙是有史以来行走于地球上的最大的动物，无论是体积还是质量，尽管它们的质量可能被高估了。即便它们的新陈代谢迟缓，也需要大量的能量来维持它们这个级别的体重所需要的身体机能。例如，现生非洲象的体重只相当于最大的蜥脚类动物体重的一小部分，每天尚且进食18小时，消耗300千克的饲料。这还是相对高热量的饲料，主要由被子植物组成，而被子植物并非大多数蜥脚类动物的主要食物，因为被子植物一直到大多数最大型的恐龙走向灭绝之后很久才充分地多样化起来。

蜥脚类动物不得不靠树蕨类、苏铁类和松柏类维持生存，这些都是相对低质量的食物。有一种理论认为，蜥脚类动物的消化道含有巨大的外贮囊（outpocketings），它们起着发酵罐的作用，植物物料在那里经过细菌的辅助分解成发酵产物，既容易消化，又含有较高的热量。如果是这样的话，蜥脚类动物除了体形庞大之外，应该也会特别容易胀气。

据计算，像重龙这样巨大的蜥脚类动物，每天需要消耗数百千克的食物才能繁

△ 1993年，博物馆以一种有争议的姿势装架了一具馆藏重龙标本的铸模。它被摆设成在一只突然跃出的异特龙面前暴跳起来以保护其幼龙的样子。

衍生息。如果要以这种速度消耗食物，那么在吃东西的时候尽可能地保存能量才是有利的。其中一个办法就是有一条非常长的脖子，可以扫来扫去，在不必向前迈出一步的情况下尽可能多地积聚食物。动物进食的区域被称为取食界限；颈部越长，取食界限越大，所节约的能量也就越多。

鸟臀类

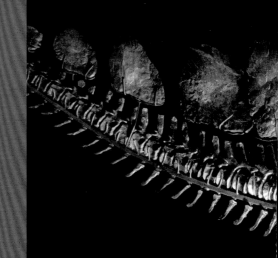

覆盾甲龙类

166

新鸟臀类

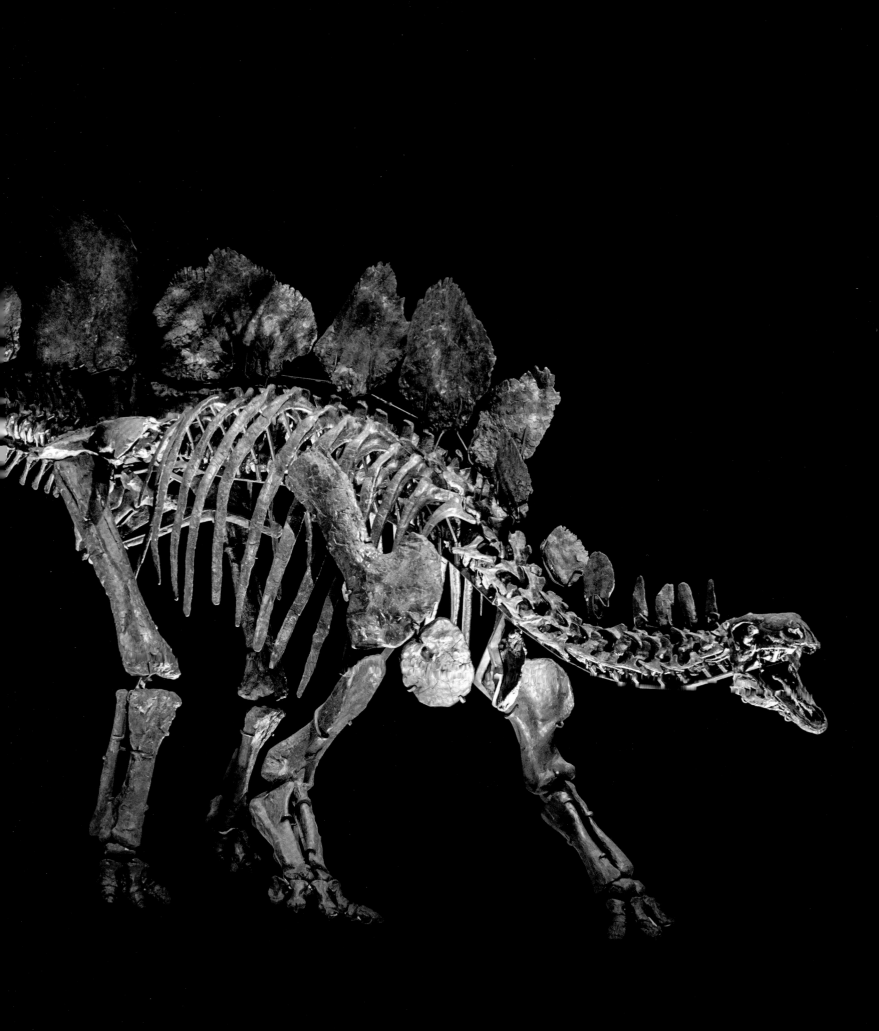

塔克异齿龙

早侏罗世

艾略特组

非洲

异齿龙（Heterodontosaurus）是一种体长约1.5米的小型两足原始鸟臀类恐龙。顾名思义，它的嘴里有不同类型的牙齿：在下颚无牙角质尖端后面的前部有细小的切牙状牙齿，还有大犬齿和凿状的颊齿。

与大多数鸟臀类不同的是，异齿龙颊齿的大小迥异，最大的位于成排牙齿的中间部分。这些牙齿与异齿龙的食物之间的关系存在着几种可能。草食和杂食都有人提出，因为不仅牙齿的大小沿着牙齿排列位置变化；例如大犬齿，其后缘部位一些小锯齿。有一种假设认为，这些獠牙是用来辅助于性展示的，以此对抗竞争对手争夺配偶，但这有点矛盾，因为几乎所有（虽然不多）异齿龙标本都有獠牙。也许更有可能的是，它们用这些獠牙，像野猪或疣猪那样来寻找地下的食物。

虽然异齿龙是一种非常原始的恐龙，但2010年发现了它的一种近亲，从而使它显得具有更重要的价值。这种恐龙被命名为"天宇龙"（Tianyulong），是在中国东北热河群早白垩世沉积层中发现的，热河群近年来曾发掘出许多重要的恐龙。在它被发现后不久，更多的标本开始出现。和异齿龙一样，它也是一种小型动物——甚至更小，只达到70厘米。这些标本引人注目之处是它们上面覆盖着细小的细丝状物，这些细丝状物出现在背部和尾部，以及颈的顶部和底部；其他的标本表明，细丝状物覆盖了整个身体。仔细观察可以看到，这些细丝状物与在兽脚类恐龙中华龙鸟（见第80页）以及北票龙（Beipiaosaurus）身上发现的结构非常相似，北票龙同样来自热河群，是有羽毛的镰刀龙类（Therizinosaur）。在所有这些标本中，这种结构都是由单一的、不分支的细丝组成。

这一发现对确定恐龙羽毛的存在具有重要意义。因为天宇龙是异齿龙的近亲，靠近恐龙谱系的根部，这表明所有恐龙都具有羽毛状结构，而且这种原始的羽毛在所有恐龙的共同祖先中都存在。

不过故事可能更为复杂。几年前人们就知道有些翼龙类（Pterosaurs）（会飞行的爬行类动物）是恐龙的近亲。我们还知道，翼龙和恐龙一样，身上覆盖着类似中华龙鸟和天宇龙的细丝状结构。这表明，翼龙类的这些结构可能

▽ 异齿龙，已知最原始的鸟臀类恐龙之一的模式标本。

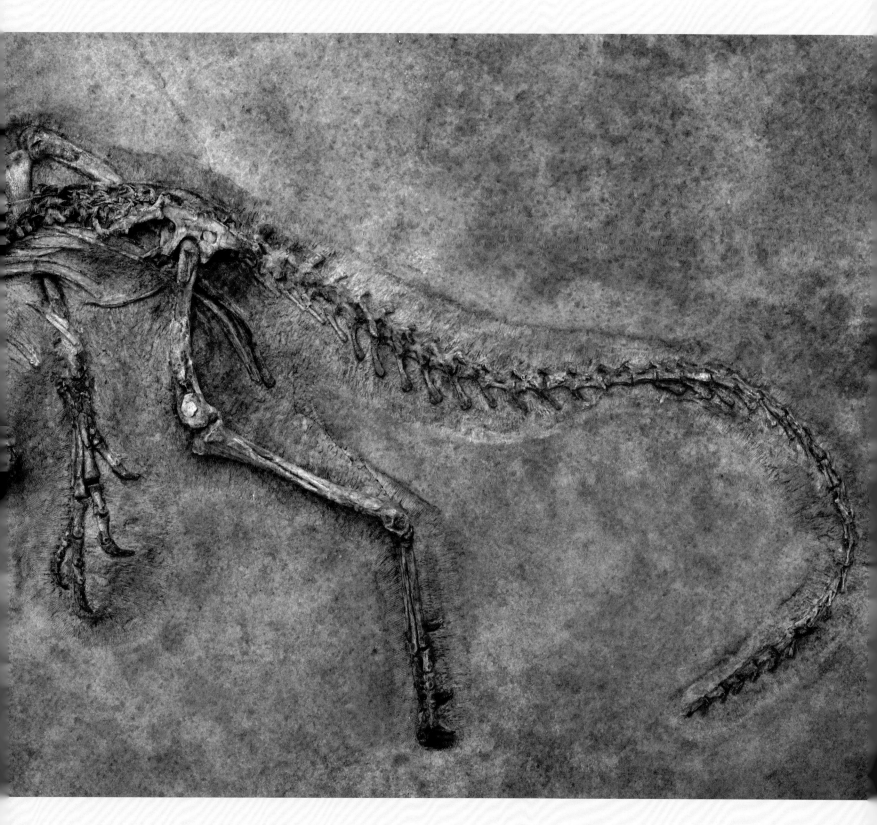

△ 异齿龙的复原图。

▽ 异齿龙的一种近亲是天宇龙。天宇龙产于中国晚侏罗世早期。化石显示它全身都披有原始的羽毛。

与恐龙是分开进化的，至少在翼龙和恐龙的祖先中是如此，但这种情况如何在主龙的谱系树中向下追溯呢？祖先主龙是一种小型而且活泼的两足动物，同时衍生了鳄鱼和恐龙，包括鸟类。在现代鳄鱼的进化过程中，有几种动物看起来更像原始的恐龙系主龙，而不像现生鳄鱼。此外，现生鳄鱼还表现出许多与现代鸟类的高级代谢能力相关的显著适应性特征，包括四腔心脏和高效的、类似于鸟类的肺。除此之外，甚至有分子证据表明，在现生鸟类中，许多与控制羽毛性状相关的基因，也同样存在于鳄类动物中。因此，至少这种说法是合理的：羽毛可以一直沿谱系树回溯到主龙类的根部，在进化为现生鳄鱼的群体获得了主要的水生习性之后才消失。

▽ 天宇龙的正模标本。左上角的黑色痕迹是羽毛印迹。

狭脸剑龙

晚侏罗世

莫里逊组

北美洲西部

　　这又是每个10岁小孩都能随口说出的五大恐龙之一。剑龙，长着骨板的大蜥蜴，是一群相貌古怪的动物。大多数剑龙类头部很小，身体很大，长着各种各样的骨板和尖刺。

　　剑龙（Stegosaurus）最早发现于美国科罗拉多州莫里逊镇附近的莫里逊组晚侏罗世岩层中，1877年由马什正式命名。从那时起，它们的遗骸在大多数其他的莫里逊组地区都有发现，包括在葡萄牙的同时代岩层。剑龙是一种大型动物，身长9米，体重可达7吨。剑龙和它的近亲的牙齿小得出奇，很多剑龙的喉咙部位长着一种叫作皮内成骨的小骨头，这个脆弱的部位形成一种保护性的锁子甲结构。

　　自从剑龙被发现以来，有两样东西让公众极感兴趣，那就是它的骨板和尖刺，而这两样东西也成为了大量研究的基础。关于这些骨板功能的争论极大，从难以置信的防御性披甲到推动动物离开地面的翼片，众说纷纭。关于尾刺（称为thagomizer[①]）的作用也有类似的争论。这些动物最初被发现的时候，人们对这些骨板的排列方式并不清楚。早期人们认为它们贴在身体的侧面，作为一种保护性的、类似瓦片状排列的结构。后来，有人推测它们沿着动物的背部排列成一排骨板。随后不久，它们又被认为是成对的骨板呈双排排列。直到今天，人们才确定，骨板是在背部中线上呈交替排列。

　　如前所述，人们对骨板和尖刺的作用提出了一些不同寻常的想法。除了显而易见的防御和展示用途等以外，一个新的假设认为，它们起到了体温调节器的作用。以骨骼表面的大量血管化现象为旁证，研究人员推测它们就像汽车散热器一样，帮助这些动物散发多余的热量。在炎热地区发现的一些动物的大耳朵正是这种情况，比如沙漠兔和非洲象。虽然这种论点听起来挺有道理，但却在比较测试中被证否。

　　自从第一批剑龙标本在美国西部被发现以来，已经发现了许多与剑龙亲缘关系密切的动物。它们几乎都有相同的身体构造，只不过骨板和尖刺的形状、大小和结构大不相同。一些剑龙，例如华阳龙（Huayangosaurus），肩部上面有很大的刺。这种现象在中国晚期的剑龙类恐龙巨棘龙（Gigantspinosaurus）身上发展到了一种近乎荒谬的程度，其肩刺几乎延伸到了整条躯干。另一些剑龙，例如锐龙（Dacentrurus），其骨板从尾部的基部开始逐渐变为尾刺；它

[①]　剑龙尾部的一组尖刺被称为"thagomizer"，之前一直没有专门的名字，直到1982由漫画家Gary Larson在漫画 *The Far Side* 中创造出了这个词。——译者注

▷　剑龙的想象图。翼龙正给它梳理身体，清除寄生虫。

◁ 剑龙的尾部以一种现代确认的
姿势呈现——尾巴高高举起，骨板
呈叠瓦状。

▽ 剑龙是剑龙类中最大和最有名
的恐龙。这件标本于1901年被博
物馆的古生物学家发现，至今仍在
展出。

也有非常小的背板，不会形成很大的辐射面。
其他的剑龙主要有尖刺，而没有骨板。因此，
认为这些结构是为了调节体温进化而来的观点是
错误的。那这些结构为什么会存在？虽然尾刺可能有
一些防御功能，但丰富多样的尖刺和骨板结构确实表明了
某种展示功能。

　　关于剑龙最后值得一提的是，它通常被说成是拥有两个大脑
的恐龙。当这种动物第一次被描述时，人们注意到其骨盆上有一个扩
大了的开口，比动物头骨中实际的脑腔大了20倍之多。当时的理论是，这
可能是一个"第二大脑"，帮助控制动物的尾部。后来才知道，这种结构在
许多其他恐龙中也有发现，包括蜥脚类恐龙。目前认为，这种结构包藏了一
个在现生鸟类中也有发现的糖原体。关于这团组织的功能，尤其是与脊柱相
关的功能，目前尚未知晓。

▷ 剑龙的早期复原图，骨板在一
条线上，尾巴朝下。

爱氏蜥结龙

早白垩世

三叶草组

北美洲西部

蜥结龙（Sauropelta）属于一个名为结节龙类（Nodosauridae）的类群，是甲龙类的近亲。甲龙类非常少见，而它们更原始的近亲结节龙类（Nodosaurs）则更加罕见。这些动物中没有一种会被认为数量甚多，因为无论在何处，它们的化石都非常稀有。

蜥结龙和甲龙非常相似，只是它们没有尾锤，而且外甲更像链甲。蜥结龙的尾巴有的会很长，几乎达到身体长度的一半。结节龙类在整个劳亚大陆都有发现，还有一个在南极洲发现的特例；大部分最好的标本都是在北美洲西部采集的。

结节龙类被认为与甲龙类有相似的习性。直到最近，最著名的结节龙类标本才被巴纳姆·布朗在蒙大拿州中部采集到，并被命名为蜥结龙。与大多数甲龙类不同的是，有些结节龙类的肩膀上长着非常巨大的尖刺，这简直是理想化的角斗士形象。

有一件非常吸引人的恐龙标本，是近年来最了不起的发现之一，它是在加拿大艾伯塔省的一个露天沥青矿中意外发现的。细心的重型机械操作员留意到他们的挖掘机撞上了化石骨头，然后通知了古生物学家，后者迅速赶往现场。就这一地区的沉积物而言，脊椎动物化石既不陌生也不少见，但几乎所有已发现的动物都是海洋爬行动物，如蛇颈龙类（Plesiosaurs），它们都不是恐龙。等待科学家们的是一个惊喜：他们看到的不是海洋动物，而是恐龙的遗骸，而且是一个保存完好的恐龙遗骸，软组织保存得很好，尤其是皮肤。这个动物被命名为北方盾龙（Borealopelta），它是迄今为止发现的最完好的结节龙。皮肤和骨板的排列清楚地表明，这种外甲并不是硬壳，而是一种可以承受打击或咬伤而不会破裂的韧甲，这种柔韧性吸收并消解了捕食者的进攻可能造成的大部分冲击。

那么，陆生恐龙如何会沉积在海底并保存得如此完好呢？若要造成这种情况，必须具备一系列严苛的条件：结节龙必须死在陆地上，很可能就死在一条河流旁边，然后这条河会把尸体带到海里。当动物开始腐烂时，这个过程会产生大量气体，使动物漂浮起来。最终，尸体会破裂，气体会逸出，从而导致尸体在沉重的骨质外甲的拖累下沉入海底。古生物学家将这一过程称为"膨胀与漂浮"。

另一件这样的"膨胀与漂浮"标本是一个亲缘关系密切的甲龙类成员，发现于美国加利福尼亚州圣迭戈附近的海洋沉积物中，这件标本曾经在海洋

▷ 这个令人惊异的标本虽然不是蜥结龙，但这件亲缘关系很近的北方盾龙的标本在2011年被发现，并于2017年正式命名。它是迄今为止发现的最完好的结节龙类恐龙标本。

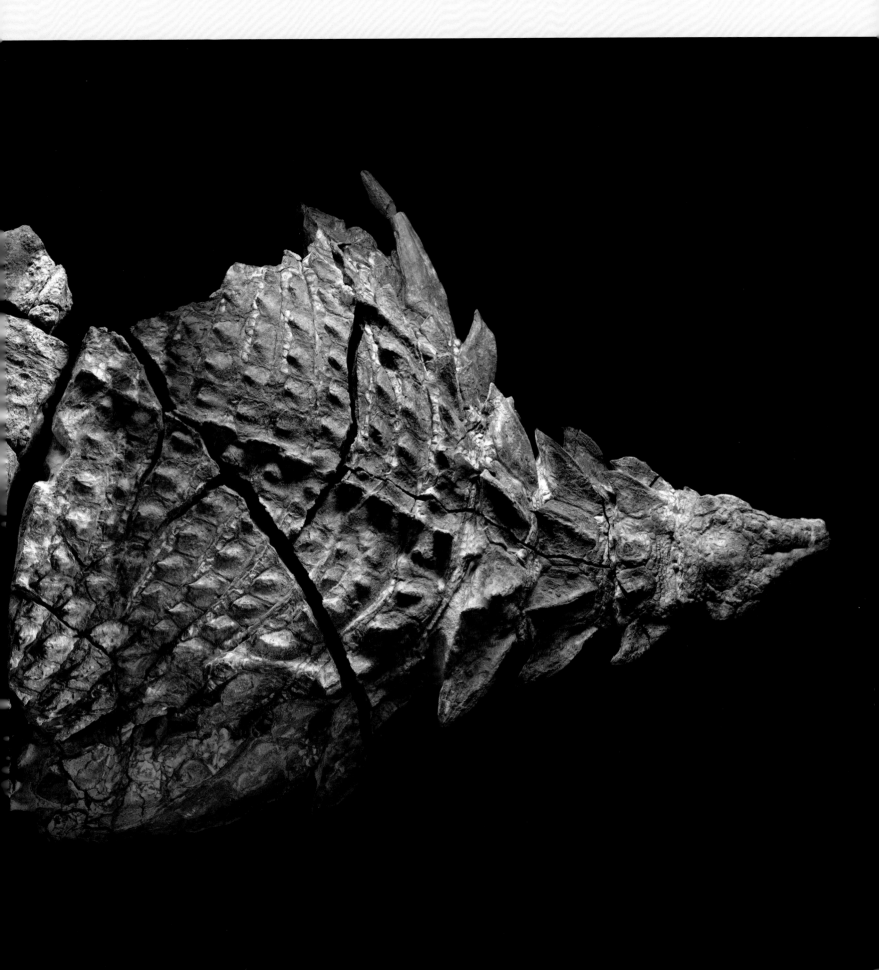

△ 巴纳姆·布朗可能是历史上最伟大的恐龙猎手，图为20世纪初他在蒙大拿的野外。

▷ 在一次恐龙收藏品的转移期间，博物馆正在对蜥结龙进行处理。

或潟湖的底部暴露了足够长的时间，藤壶[①]开始在它的骨板上生长。

　　海床的条件必须正好适合动物的保存和化石的形成。首先，水不能太深。骨骼的坚硬成分是磷酸钙。在地球表面，磷酸钙是非常稳定的；然而，如果骨骼沉入深海盆地（任何超过4千米的地方），它们就会开始溶解。其次，水不能太浅，因为在浅水中，很多生物会非常活跃地取食骨骼和腐烂尸体的其他部位。在完美的条件下，当骨头沉入不算太深的水中之后，它们需要迅速地被埋藏起来，从而保存成为一个非同凡响的标本。

---

① 海洋中的一种节肢动物，具有石灰质外壳，附着于水下物体的表面。

裙包头龙

晚白垩世

恐龙公园组

北美洲西部

　　甲龙类（Ankylosaurs）一直都不是很多样化，除了体形以外，它们看起来都很相似，但其中一部分有着非常显著的特征，包头龙（Euoplocephalus）就是一个很好的例子。

　　包头龙与甲龙的亲缘关系密切，看起来非常相像。它的体形稍小（7米），与亚洲其他许多晚白垩世的甲龙类（甲龙除外，见第176页）大小相同，例如多智龙（Tarchia）、牛头怪甲龙（Minotaurasaurus）和绘龙（Pinacosaurus）。

　　包头龙不像甲龙那样装备了笨重的外甲，它的头骨也不像甲龙那样呈三角形，而且它的后脑角部也没有很大的角。包头龙的头骨长41厘米，宽40厘米，头骨比例与甲龙有区别。大多数甲龙类的遗骸，如包头龙和其他亚洲品种，通常是孤立和散脱的标本。这一点与它们的近亲绘龙截然不同，在中亚的好几个地方发现的绘龙标本，个体之间都存在关联。恐龙幼体尤其如此，它们经常在灾难性的聚集死亡中作为群体被保存下来。令人惊奇的是，当这种情况发生时，所有这些单一年龄群体所面对的方向都是相同的，彼此平行排列。

　　除了外甲之外，甲龙类还具有两个明确的特征：一个众所周知，而另一个则令人费解。一般人都不知道甲龙类有特别不同寻常的鼻道结构。从大体上看，空气进入它们的鼻子后，在进入咽部之前，先要通过头部错综复杂的路径。为什么这些动物有如此复杂的鼻腔尚不清楚：如果这是为了增强它们的嗅觉，我们会预期这与大脑中的鼻叶扩大相关联，但正如CT分析所显示，甲龙类大脑的鼻感觉区与其他恐龙的典型特征是一致的。另一种猜测认为，复杂鼻腔的作用，与哺乳动物类似，在于调节水分和热量的平衡。在寒冷或极度潮湿的日子里，你可以看到你的呼吸像一团水汽——温暖潮湿的空气通过一个叫作鼻甲的骨骼系统从你的鼻子排出，这个系统能帮助你调节温度。甲龙类鼻道的

△ 裙包头龙最早发现于加拿大艾伯塔省的荒地中，相同的情形也见于本书描述的其他许多晚白垩世恐龙——艾伯塔龙、戟龙、亚盔龙、栉龙、盔龙。

△ 一具裙包头龙的骨骼。这种外形相当怪异的恐龙是北美洲西部晚白垩世时期一种不常见的植食性动物。

复杂结构可能提供了类似的功能。这里要提出一个问题：其他恐龙被认为具有与这些动物相同的生理机能，那么为什么它们没有这样的鼻道呢？最后一种猜测认为，这种鼻道被认为是产生声音的器官。虽然一些研究表明它们的耳朵适应听低频声音，但目前尚未能跨不同恐龙类群去做比较试验。

　　甲龙类更加广为人知的特征是它们的尾锤：所有这些动物的尾部末端都挥舞着强有力的狼牙棒状或者锤状的结构。其中一些，例如包头龙和甲龙，尾锤是致密的三合一骨锤，由一条极不灵活的尾巴举在空中，这条尾巴靠粗肌腱和融合椎骨支撑。这些支撑结构仅限于尾部的背部，因此如果尾部以防御方式摆动，很可能会有相当大的横向位移从而实施猛烈的打击。然而，针对这些动物尾巴的严谨生物力学建模，现在尚未完成。而且，不同物种的尾巴大小和形状肯定也有很大的差异，例如，绘龙的尾巴更像狼牙棒而不是锤，因此很可能具有极为典型的展示功能，无论是用于仪式化的种间争斗[①]，还是用于物种识别，或两者兼而有之。

---

① 物种之间对共享的资源如空间、食物和栖息地点的竞争所引起的争斗。——译者注

大腹甲龙

晚白垩世

地狱溪组

北美洲西部

甲龙是最大的披甲恐龙之一，身高8米。这是一种非常稀有的动物，只有很少的一些标本为人所知，然而已知的那些标本却令人印象非常深刻。

甲龙头骨巨大，长达65厘米，宽75厘米，从顶部往下看，它的形状相当接近三角形。鼻孔向两侧张开，颅骨后部的角部长出巨大的角。在上颚的末端有一个喙而不是牙齿，由此推测下颚的末端也是无牙的（就像绘龙），但这个重要部分在任何已知的标本中都没有保留下来。与地狱溪组地层中的许多覆盾甲龙类（Thyreophoran）植食性动物一样（除了鸭嘴龙和角龙类），这些动物在它们所生活的时期都相对不常见。有趣的是，在其他地区，像戈壁沙漠，被认为以前是非常干旱的（与地狱溪组的热带环境相反），甲龙是动物区系中更常见的元素，而鸭嘴龙则几乎无法确认。

它们的牙齿，就像当时许多其他植食性恐龙一样——比如肿头龙类、结节龙类，以及更早期的剑龙类——都非常小。这导致它们以何为食成了谜：这么大的动物怎么能用这么弱的牙齿维持自身的生存、处理这么多的食物？是否这种恐龙能够进行后肠发酵，就像今天的加拉帕戈斯象龟一样？有人认为，甲龙每天可以靠70千克的植物和水果存活下来，而这仍然是个了不得的数量。一个明

▷ 甲龙的复原图。考虑到它的小牙齿和小嘴，很难想象这么大的动物能够维持其生存。

△ 甲龙巨大可怕的尾锤。其功能尚未最终确定。我们只知道它被举在空中。

◁ 野外发现的甲龙甲片，这是巴纳姆·布朗在加拿大艾伯塔省马鹿河发掘时收集到的。

显的进食适应特点是非常巨大的舌骨，这在与甲龙亲缘关系很近的绘龙身上也有发现。这些舌骨被认为支撑着一个粗大的球状舌头；如今有些动物，如蝾螈，虽然体形小得多，却有球状的舌头，并利用它从地上捡取食物。甲龙的侧向鼻孔也可能表明，这种动物在获取食物时，鼻子是拱在地上的。

和它所有的亲缘种类一样，甲龙是一种高度装甲的动物。与许多其他恐龙身上的所谓"披甲"不同，这种装甲实实在在地提供了大量的保护。它的头部覆盖着厚厚的骨质板，称为皮内成骨，成年后皮内成骨完全融合在头骨上。在头骨的后面——虽然我们对甲龙还不完全了解，从绘龙身上，我们却了解得很清楚——具有保护颈部的新月形骨质结构。身体上的骨板足有100多块，相对较薄，大小从1厘米到超过35厘米不等。它们不会融合到任何骨骼上，也不会重叠，而是完全埋于皮肤内部，以此提供沉重却具有弹性的保护。甲龙也像它的近亲一样拥有一个巨大的尾锤（见包头龙，第174页）。它低矮的四足步态看起来一定像一辆可怕的、缓慢移动的素食坦克，在陆地上笨拙地蹒跚而行。

怀俄明肿头龙

晚白垩世

地狱溪组

北美洲西部

　　肿头龙是最不寻常的鸟臀类恐龙之一。这个名字的意思是"骨冠蜥蜴"，你只要看一下这头骨，就明白为什么：它看起来就像一只头上顶着半个保龄球的动物。

　　这个大头是由25厘米厚的实心骨头构成的，上面还围着一圈巨大的尖刺，尖刺甚至延伸到了这动物的鼻子上。在这团致密的骨头里面是一个小小的大脑。肿头龙是两足行走动物，是头饰龙类（Marginocephalia）的一个原始成员，头饰龙类也包括有角的恐龙。这些恐龙有较小的、侧面扁平的牙齿，不能吃坚硬的纤维发达的植物。

　　肿头龙是最大的肿头龙类（Pachycephalosaur）恐龙，长约3米。它和几乎所有其他的肿头龙类一样，是从相当零碎的遗骸中鉴别出来的，尚未发现这类恐龙的任何成员的完整标本。通常所发现的，要么是这些动物独特的牙齿，要么是非常坚硬、致密的头盖骨。头盖骨非常坚硬，更有可能变成化石。

　　这些动物的遗骸主要是在北美和亚洲发现的，也不是非常多样化。标本的稀缺表明，肿头龙在它们所生活的时代，数量一直都不是非常多。

　　自首次发现以来，关于肿头龙及其亲缘物种颅骨上的骨冠的功能，一直是一个有争议的话题。一个普遍的想法是，这些动物用它们来保卫领地，就像打架的公羊那样；或者是用来吸引配偶，类似于今天的大角羊那样。然而有证据表明，事实并非如此。

　　首先，一般认为并非所有的肿头龙类都有半球形的头部。虽然有些物种，比如肿头龙、倾头龙（Prenocephale）、剑角龙（Stegoceras）、膨头龙（Tylocephale）等确实有，但也鉴定到一些平头的品种，比如平头龙（Homalocephale）。然而，新的证据似乎表明，这些平头种类实际上可能是圆头种类的幼体。这些标本明确无误地显示出骨骼发育未成熟的迹象，因为分隔各骨骼的缝线仍然可见，而且颅骨背面的许多孔（窗孔）依然很明显可见。肿头龙的一个特点是，当动物成长到成熟期，这些孔会被那个厚厚的圆顶所覆盖。

　　这种动物会互相用头来顶撞，这个理论得到了以下观察结果的支持：颈部的骨骼在关节处得到加强，使颈部变硬，但颈部仍然保持着S形。此外，相当数量的圆顶肿头龙标本带有损伤。这种类型的损伤也发生在现生动物身上，是骨骼表面严重创伤的结果。没有一只平头肿头龙显示有这种类型的损伤，这可能意味着如果发生头部顶撞，也只限于这些物种的成熟成员或者雄性成员。肿头龙虽然令人惊叹，却仍然是一个非常神秘的种群。在能够发现更多的材料之前，在生物学方面，这类奇特动物仍存在许多未解之谜。

△ 肿头龙和它的亲缘物种是一些最为奇异的恐龙，它们有圆顶状的头骨和怪异的外形。

△ 尽管人们对肿头龙的头骨了解得很清楚，但对其骨骼的其余部分仍知之甚少。

▷ 从纵切面上看，很明显与其他许多头骨上有疏松充气头冠的恐龙不同，肿头龙的头骨具有实心骨质（上部），覆盖着它们的大脑（下部）。

△ 肿头龙的模式标本，显示出高高突起的圆顶状头骨，这是该类群部分成员的一个特征。

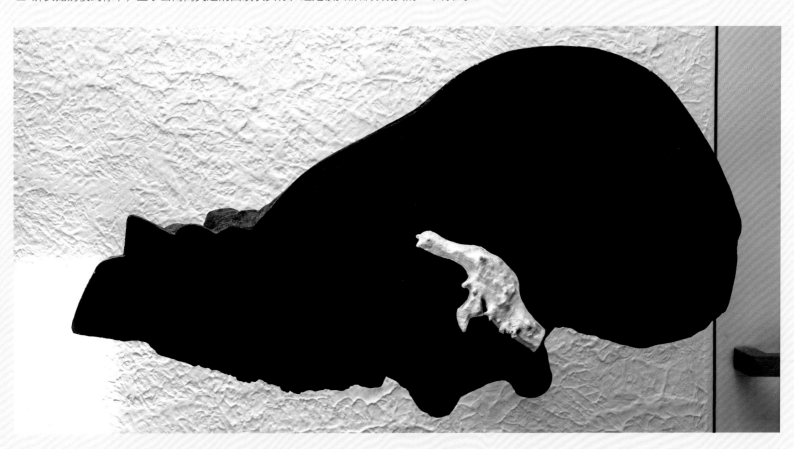

蒙古鹦鹉嘴龙

早白垩世

阿什尔组

蒙古

鹦鹉嘴龙（Psittacosaurus）是一种外形奇特的恐龙。其名字的意思是"鹦鹉蜥蜴"，这是指它极不寻常的头骨上长着一个像鹦鹉那样的喙。它是一种小型动物，只有大约1米长，生活在大约1.25亿年前，位于现在亚洲的东部和中东部地区。还有一份报告则基于一起印度支那事件的支离破碎的证据。

第一批标本于1922年由美国自然历史博物馆的中亚探险队发现，一年后由亨利·费尔菲尔德·奥斯本描述。它被命名为蒙古鹦鹉嘴龙（Psittacosaurus mongoliensis），以发现地蒙古命名。与其他许多恐龙不同的是，这种动物的谱系位置很快就被确认。早期对其骨骼几个特征的研究表明，它是一个类群的原始成员，这个类群既包括高级的角龙类（比如三角龙），也包括像原角龙这样更原始的分类群。

自最初的发现以来，我们已经找到了数以千计的鹦鹉嘴龙标本，并且命名了好几种，这主要集中在过去的十年时间里。尽管在蒙古和西伯利亚也发现了重要的新遗骸，但大部分都来自中国。中国的大多数标本来自热河生物群（Jehol Biota），这是中国东北的一系列沉积物，保存了许多在过去20年里彻底改变了恐龙古生物学的重大标本。其中一件标本尤为重要，今天它被保存在德国法兰克福的森肯贝格博物馆。

从科学的角度来看，这一发现非常有趣；但从伦理角度讲，这一发现是非常值得质疑的：它是走私出境的，违反了中国限制化石商业交易的法律。每年1月的最后一周，世界上最大的化石交易展都在美国亚利桑那州的图森市举行。现在对这个展会的监管已经严

△ 一件接近完整的鹦鹉嘴龙标本。这种动物的名称（意思是"鹦鹉恐龙"）来自它像鸟一样的喙。

△ 鹦鹉嘴龙在其生存的时代是一种非常常见的动物，在食物链中处于较低的位置。它被原始的哺乳动物例如爬兽所捕食。鹦鹉嘴龙的残骸被发现存在于这种肉食性动物的肠道内含物化石中。

格得多，尽管一些非法交易仍在发生（事实上，在2016年的展会上，有人因非法走私中国恐龙蛋而被捕），但大部分交易都是开诚布公的。然而以前的情况并非如此，在21世纪初，它是一个合法、假冒和非法的杂糅而成的奇怪混合体，这件极佳的鹦鹉嘴龙标本在图森市找着买家，并从这里被弄到了森肯贝格。虽然中国政府的代表多次要求将其回归，但他们的努力迄今没有成功。这个标本之所以如此特别，是因为它保存了软组织。虽然来自辽宁的许多标本都保存着这样的结构，但森肯贝格标本是第一件展现了丝状结构确凿证据的鸟臀类恐龙。

这些丝状结构由长长的刚毛组成，在这动物的尾部上面形成一个冠状或梳状结构，非常像现存的大食蚁兽尾巴上的冠。当这些结构第一次被描述时，人们还不清楚到底是什么——甚至有人认为它们是植物的残骸，在石化之前掉落在骨骼顶部。然而，由于在热河地层中发现了许多其他真正的软组织化石，现在已经确定这些都是真正的结构，它们与现代鸟类的羽毛和其他许多恐龙标本的丝状体表覆盖物是同源的（这意味着它们具有相同的进化起源）。

在极少数情况下，灾难性事件会杀死动物并同时将它们保存起来。这种情形在讨论小型伤齿龙类的寐龙（见第114页）和在乌哈托喀地区收集的许多标本时已经提到过。在北京以北有一系列岩层，称为陆家屯层。尽管未被普遍接受，但许多地质学家认为这些岩层是灾难性火山爆发的结果，火山灰倾泻而下，并生成低温火山碎屑流，在许多动物还活着的时候将其掩埋。鹦鹉嘴龙是其中之一，而且极可能是在这个地点能够发现的最常见的动物。这些标本中有许多在发现时呈典型的睡姿——身体弯成新月形，头部正好塞进身体中。与寐龙一样，这种情况表明这些动物在埋葬前可能已经死于火山喷发产生的有毒气体。

来自同一地层的其他标本显示了数个个体的聚集。这些都是清一色的恐龙幼体，有时数量很多；迄今为止已知的最大的关联个体数目是34个。虽然所有这些动物的年龄相同（根据大小判断），但也采集到了大小个体混合的堆积物，表明这些动物在自然状态下是群居的，特别是在幼体时期。假如这种堆积物的形成，是由于该群体的所有成员在洞穴崩塌中死亡，或是在上述火山事件后被掩埋，那么这就为它们的群居习性提供了有力的证据。

每当脊椎动物化石和鹦鹉嘴龙一同出现的时候，总会带来一些惊喜，其中的一个例子证明：植食性的鹦鹉嘴龙，位于食物链底端，是肉食性动物的猎物。来自世界各地的多个案例表明，恐龙，尤其是幼年的恐龙，会被其他恐龙和鳄类捕食。中国北方的化石岩层还保存了除恐龙以外的许多脊椎动物化石，包括与恐龙同时代的几种哺乳动物化石。然而，在中生代时期，它们并不是很繁盛，也从来没有比家猫

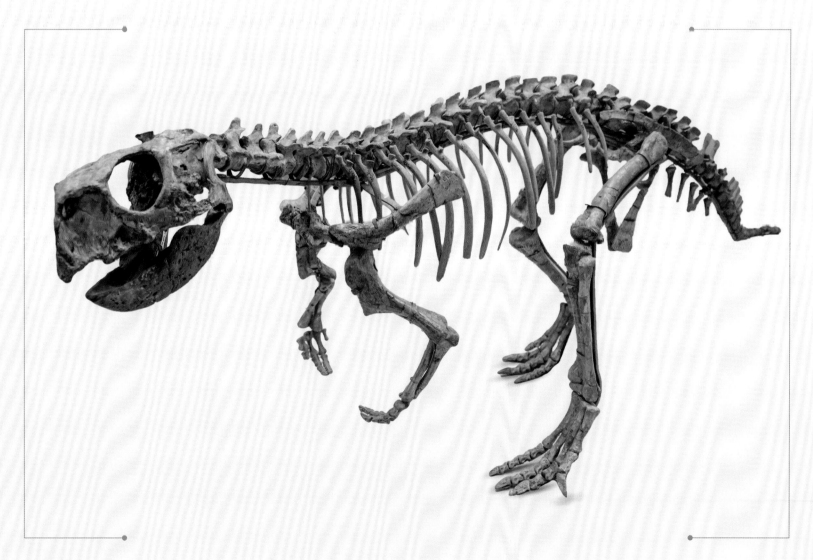

△ 鹦鹉嘴龙是一种小型恐龙，只有大约一米长。它可能主要靠两足行走。

大多少。只有在非鸟类恐龙消失后，它们才大量繁殖到以前由恐龙和海生爬行动物所占据的生态位。其中有一种最大的中生代哺乳动物，被称为爬兽（Repenomamus），生活在大约1.24亿年前现在属于中国的地方。它是原始哺乳动物类群三尖齿兽类（Triconodonta）的一员，没有现生的亲缘物种。对于中生代哺乳动物来说，它异常巨大，重达14千克，长约1米。在一件不同寻常的爬兽标本中，发现了一只小鹦鹉嘴龙的遗骸，这只小鸡样的家伙呈半铰接状态，这意味着，爬兽几乎没有咀嚼就把它大块吞下了。这为哺乳动物偶尔会捕食恐龙提供了第一个无可争议的证据，恐龙在当时的陆地生命形式中占据着主导地位。

◁ 鹦鹉嘴龙集群死亡的化石已经被采集到。其中也包含了幼体和成体，这表明它们是群居动物，而且有一定程度的亲代抚育行为。

▽ 这只来自中国东北的鹦鹉嘴龙标本保留着软组织，包括沿尾部上端的原始 I 型羽毛。

安氏原角龙

晚白垩世

德加多克赫塔组

蒙古

恐龙化石非常罕见。在不到1000种已被命名的非鸟恐龙中，大约三分之一到一半是从单一个体中鉴定到的，然后被归纳在一起。绝大多数恐龙化石是通过数量很少的零碎残骸鉴定的。

这种情况极大地妨碍了我们对这些动物的生物学研究，比如它们在生长过程中发生的物理变化，生长速度有多快，以及是否存在能够显示性别差异的特征。与此相反，对于原角龙（Protoceratops）来说，资源却甚为丰富，因为已经发现了上千个标本，从单个牙齿到完整骨骼都有，它们全都来自蒙古戈壁沙漠以及中国中北部（内蒙古）。

第一批标本于1922年由美国自然历史博物馆的中亚探险队收集。这些标本是在传奇般的火焰崖地区发现的，在蒙古语中称为"巴音扎克"，意思是"扎克丰富"——扎克是指悬崖底下茂密成林的小树。"原角龙"这个名字的意思是"第一张有角的脸"，但在发现时，博物馆的古生物学家们还没有办法准确地鉴定火焰崖沉积层的年代。原角龙是一种非常原始的有角恐龙，其所属类群，与北美洲西部晚白垩世有角恐龙的典型类群，具有亲缘关系，但并非这个类群的成员。与原角龙同类群的动物，如三角龙（Triceratops）、开角龙（Chasmosaurus）、独角龙（Monoclonius）和戟龙（Styracosaurus），都比原角龙大得多，有些甚至高达8米，而原角龙长到最大也只有一头大猪那么大。中亚探险队的古生物学家对高级的有角恐龙非常熟悉，因为20世纪早期他们在美国已经发掘了很多这类物种。

那个时期人们的想法是，由于原角龙是当时已知的有角恐龙类群中最原始的成员之一，它比起较高级的成员一定更为早期。因此，他们推测，巴音扎克岩层比埋藏着更高级亲缘物种的美国沉积层要古老得多。结果他们错了，因为用"原始程度"来判断一个物种的生存年代是一个非常糟糕的方法。例如，假设有两队外星人造访地球，在亚马孙和马达加斯加这两个地方采集哺乳动物区系样本，外星人很可能会得出结论，马达加斯加的动物是亚马孙超特化的动物区系的祖先，或者至少比亚马孙的超特化物种更早存在，因为马达加斯加物种看起来很像生活在5000万年前的动物。它们和原角龙一样，非常原始，几乎像活化石。但是进化过程和地球的历史并不是这样关联的，进化不是线性过程，它是一个多分支的谱系，这就是为什么像针鼹和鸭嘴兽这样原始的卵生哺乳动物，与鼠、牛和人类共同生存。

△ 原角龙的一具幼体标本（只有20厘米长）。鉴于它保存得非常之好，这只小动物应该是被活埋的。

△ 位于蒙古奥什的中亚探险队营地。正是在这里采集到了许多重要的早白垩世标本。

原角龙也因其激发的想象而闻名。阿德里安·马约尔（Adrienne Mayor）是斯坦福大学著名的民俗学家，她推测原角龙可能是西方古典神话中狮鹫的灵感来源。虽然这一观点尚有争议，但原角龙的确与古希腊的来通杯[①]和石像鬼[②]惊人地相似，而且其背后还有一个故事。在蒙古南部发现原角龙的地区附近，有一座著名的山叫阿尔泰山，蒙古语的意思是"金山"。几千年来，这个地区一直是知名的黄金产地，古老的采矿业既有文献记载，也有明显的痕迹。直到最近，这些早就令人向往的地区才成为世界上最大的金矿和铜矿之一。在神话中，狮鹫是财宝的保护者。这是巧合吗？可能吧，但的确是一个很有趣的想法。

数量众多的标本让我们能够做很多的科学研究。例如，我们知道现生鸟类在孵化期间留在卵内的时间比同样大小的爬行动物要短。一只体重100克的蜥蜴在卵中发育需要140天，而同样大小的鸟只需要25天。我们怎样才能确定一只非鸟类恐龙要花多长时间呢？幸运的是，我们找到了一件标本。1997年，我们在蒙古的乌哈托喀挖掘到了一窝蛋。这些蛋的不同寻常之处在于每一个里面都含有胚胎，利用新技术，我们就能够计算出这些胚胎死去之前在蛋里面存留了多少天。

有牙齿的羊膜动物（包括哺乳动物、爬行动物和在陆地上产卵的鸟类）都以同样的方式长出牙齿。通常牙齿在整个孵化周期40%到60%之间的阶段开始发育。牙齿形成的速度和方式存在物理限制。一颗牙齿的大部分是由一种叫作牙本质的相对柔软的物质组成的，牙本

① 用于饮酒或祭祀的一种角状杯，多为兽类造型。
② 西方神话中的一种怪兽，面目凶恶，长有翅膀，能从嘴里喷火。

△ 来自巴音扎克的一件不同寻常的原角龙标本。
这只接近成年的动物可能被活埋了，死的时候蜷
缩成一个看似防御的姿势。

▷ 一个巨大的成年原角龙的头骨在巴音扎克的现
场。中亚探险队广泛收集了这些动物。这些化石
组成了从幼体到衰老成体的系列生长状态。

质被一层坚硬的、有光泽的珐琅质所覆盖。牙齿形成的机制只允许每天制造大约20微米（0.002厘米）的牙本质。除此之外，每天都会留下一条纹线——类似于树的年轮——尽管其机制还不是十分清楚。

乌哈托喀挖掘到的胚胎使我们能够对此进行研究，我们可以用CT扫描（三维X射线）和光学显微镜相结合的方式来计算纹线。我们的计算表明，这些原角龙幼体在卵中经历了大约80天。考虑到卵的大小，如果是一只鸟的胚胎，我们可以预测它将在卵中发育40天。如果它是一种像蜥蜴这样的非恐龙爬行动物，我们预计它大约需要150天。我们发现，这些恐龙胚胎介于两者之间。考虑到原角龙类与现代鸟类的亲缘关系比与任何非恐龙类爬行动物更为密切，这结果并不奇怪。

原角龙标本的数量也让我们对生长有了非常多的了解。这一点早就被关注了，博物馆展出的被研究得最多、最令人震惊的展品之一是在中亚探险期间收集起来的一系列原角龙头骨。从10厘米长、带有小头盾的幼体，到头骨长达100厘米的成体，十几件标本排成一排。后来探险队又增加了大约100件标本，既有以上描述的那些胚胎，也有更巨大的动物。对这些标本的分析正在进行中，利用新的计算技术，我们也许能够确定雄性和雌性是否有差别，以及这些动物在生活过程中如何变化。

▷ 原角龙是一种猪一样大小的四足植食性动物，与高级有角恐龙有一些共同的特征，比如骨质头盾和增大的颧骨，但缺少高级有角恐龙那样的大角。

褶皱三角龙

晚白垩世

地狱溪组和其他地层

北美

在人们最熟悉的五大恐龙中，三角龙在名称辨认方面名列前茅。它是一种外表奇特的动物，同时由于它非常常见，出现在世界各地的许多博物馆展览中，因此人们对这个分类群已经进行了广泛的研究。但首先要了解一些细节。

三角龙是一种大型（长达9米）高效的植食性动物，生活在白垩纪末期，曾在白垩纪终结事件中，见证了小行星撞击地球后的效应。三角龙的比例很夸张，单个头骨的长度可以超过2.5米。和其他角龙类动物一样，它的外表和石像鬼很相似。

正如其名（它的名称可以翻译为"长了三只角的脸"），其头部有三个大角，每只眼睛的上方各有一个，还有一个长在鼻尖。第一件化石是1887年在美国科罗拉多州丹佛附近由一位学校老师发现的，他发现了一些非常大的角化石。这些角被送到耶鲁大学的马什那里，经过初步检查，马什认为它们是一种已经灭绝的巨型野牛的角。然而，在收集到更多的材料之后，马什意识到这些不是哺乳动物，而是一种大角恐龙的遗骸。很多分类学上的混乱接踵而至，但三角龙的名字终于确定了下来。

随后，人们对这种动物有了很大程度的了解，并且围绕着一些研究产生了争议。可以肯定的是，这些动物大量存在，与一些种类的鸭嘴龙一起，是那个时期最普遍存在的植食性动物。实际上，数百个三角龙已经被发现，而且因为它们非常常见，所以并不总是被挖掘出来。我们对它们成长的速度也有不少了解，但不知道它们到底要多长时间才达到成熟。即使它们所吃食物的质量要高于早期恐龙所能获取的食物（这个时期高热量的被子植物已经高度发展起来），它们必定还是消耗了大量的食物。它们的下颚有数百颗牙齿，紧密结合排成一个单一的剪切面。与蜥脚类恐龙不同的是，这些动物用口腔加工食物。此外，与其他许多角龙类恐龙不同的是，人们没有发现三角龙的骨床，这表明它们是独立生活的动物。

三角龙的牙齿极其发达。这些动物进食大量的食物，必须快速地更换牙齿。今天的动物，比如马和啮齿动物，吃下粗糙的植物性食物，与此同时还会摄入大量的泥土，以便它们的牙齿快速地磨损。绝大多数哺乳动物对此的进化解决方案是，拥有长长的牙冠和快速生长的牙齿。恐龙则有很多牙齿可以自我替换。一些鸟臀类恐龙将这一点提高到了一个新的水平。我们的牙齿中有四种组织类型——常见的牙本质、牙釉质、牙骨质和牙髓。角龙类，还有高等的鸭嘴龙类，精细组装了一共七种牙组织，使之成为四足动物世界中最为复杂的牙齿。这些动物是高度进化的特例，能够大量食用草料，绝对不应该将它们视为原始的爬行类。

三角龙是因它的角而得名的，加上它那吓人的皱褶，引来了大量的科学推测和传说。当孩子们第一次遇见三角龙的模型或图画时，他们对它的理解与研究团体中的许多人相似：它是一种攻击性强、长着三根犄角、像犀牛一般的生物，脖子上还套着一个盾牌。这其实还不能确定。三角龙在活着的时候肯定比死了之后更可怕，因为它的角明显还要大得多。一些位于眼睛上方的角化石超过1米长。在活体中，这些角可能还会再长三分之一，因为它们很可能被角质鞘所包裹。在今天的牛身上，我们看到的牛角就比支撑它的骨质核心要大得多。

然而，当你不能贴近地观察这种动物时，相关的功能是很难判断的，我们可以抛出一些事实。从一些已知的标本中我们知道三角龙是君王暴龙捕食的目标。标本显示，三角龙由于大型兽脚类动物的捕食而遭受了大面积的损伤。其中一些损伤可能是食腐动物留下的痕迹，但另一些显然不是，因为伤口周围有愈合和疤痕组织的迹象。

回顾一下本书的其他章节所述，这些角的作用有两种，展示或者防御。从目前的观点来看，展示功能赢得了认同。即使一只霸

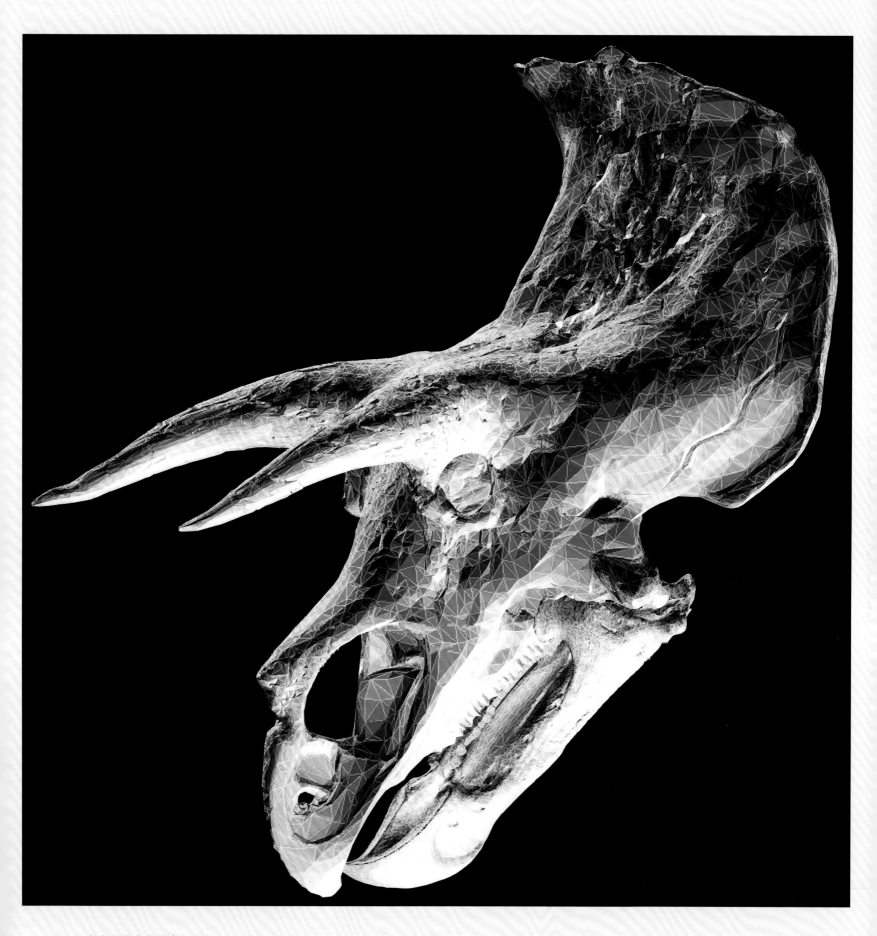

△ 三角龙是最有名的有角恐龙。

王龙愚蠢到和一只成年的三角龙交战，三角龙也很可能会败下阵来。它的骨头可能会裂开，而我们所掌握的少数几个有咬痕并且已经痊愈的三角龙标本，实际上是幸运的个例。其头部和头盾的结构，就像今天动物身上精致的头颅装饰物，更可能被用于炫耀和种间争斗，而不是用来对付捕食者。

2010年提出的一个观点认为，三角龙和同时期的另一种角龙类牛角龙（Torosaurus），代表了同一个物种。牛角龙与三角龙的不同之处在于颅骨后部的大头盾被很大的窗孔（fenestrae，拉丁语意为"窗户"，指骨头上的大洞或大孔）所洞穿。在许多有头盾窗孔的角龙类物种（例如原角龙）中，头骨随着年龄的增长而穿孔，最年幼的标本中则根本没有这些窗孔。虽然这非常奇特有趣，但当你考虑到没有窗孔的最大的三角龙头骨和有窗孔的牛角龙头骨大小差不多时，这个观点就遇到了问题。大多数恐龙研究者仍然认为它们是非常不同的物种。

◁ 三角龙有很多牙齿，这些牙齿紧密结合排列在一起，在口腔里加工食物。

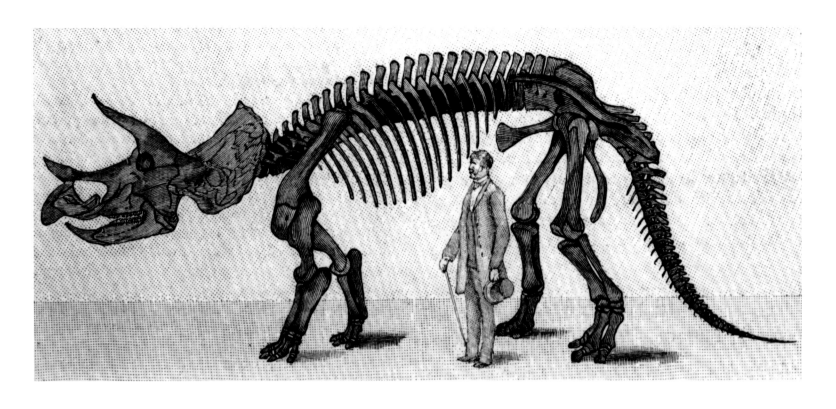

△ 具有历史意义的三角龙骨架效果图。

▽ 查尔斯·R.奈特的晚白垩世景观壁画。画中描绘的动物姿势、解剖结构以及所处的环境都已经过时。

独角龙

晚白垩世

朱迪斯河组、恐龙公园组

北美洲西部

　　仅仅是独角龙（Monoclonius）这个名字（意思是"长着独角的脸"）就引起了许多恐龙古生物学家的担忧。关于它的一切都让人感到困惑，甚至连维基百科的词条也称之为"植食性角龙类中值得怀疑的类群"。

　　首先讲一下细节。独角龙最初是由柯普在北美采集恐龙的早期命名的。当柯普采集这类化石的时候，其所在地点远远不够安全——就在那年，印第安战争正在如火如荼地进行，卡斯特[1]在距此不到160千米的地方被杀。尽管如此，柯普还是收集到了更多的标本。由于独角龙是最早被知道的角龙类恐龙之一，所以其他一些角龙类标本也被归入这个类群。其中一件最完好的标本保存在美国自然历史博物馆，它几乎包含了身体的每一块骨头，包括眼睛内部支撑晶状体的精致骨骼。

　　但问题就出在这里：这么多的标本被认为是独角龙，因此很难以任何一个标本来代表这一属。还有另一些事情让问题更加复杂。在同一个岩层里发现了一种非常相似的动物，名叫尖角龙（Centrosaurus）。尖角龙有着形状非常相似的头骨，头骨上的装饰也很相似，只是表现出来的程度有所不同。让问题更为复杂的是，这些都是十分常见的动物。动物越常见，样本量越大，引入的变量就越多。用人类来类比，如果我们把一个职业篮球运动员和一个骑师[2]，或者一个相扑运动员和一个芭蕾舞演员的化石进行比较，我们很可能会认为这些骨头来自不同的物种。但是，由于今天活着的人类形态多样性已有完整的尺寸和形状可变范围，我们知道我们是一个有变化的物种。而在化石记录中，情况并非如此，在已知的所有恐龙物种中，约有三分之一是由单一标本所代表，而这件标本几乎总是不完整的。在某些情况下，比如博物馆的鸟臀类恐龙展厅里保存着的一件很壮观的标本，尽管保留了大块的皮肤，但我们甚至无法确定它是角龙类的哪一种，因为它缺了头骨。

　　这些来自北美的晚白垩世的角龙类在体形上非常保守，如果没有华丽的头骨，它们之间几乎无法分辨。这一点在恐龙生物学上具有重要意义。传统上，为物种命

---

① 乔治·阿姆斯特朗·卡斯特（George Armstrong Custer），美国骑兵司令。1876年6月由"疯马"酋长率领的印第安人军队歼灭了卡斯特率领的美国历史上最有名的美国第1骑兵师第7骑兵团。这次战役是整个印第安战争中印第安人所取得的最大胜利。——译者注
② 个子矮的骑师较为常见，在赛马中更善于保持平衡。

◁　这件独角龙的标本甚至保存了眼睛内部的骨骼。这种骨头被称为巩膜骨，支撑晶状体，在许多现存的动物中都有发现。

名的人（分类学家和系统学家）分为两大阵营：分割派和统合派。分割派根据最小的变化来命名新物种。统合派则过度容纳了变异性，将大量不同的标本扔进同一个物种中。从今天的生物学角度来看，仍然很难评价这些东西。例如，我们知道许多鸟类、鱼类和蜥蜴，从我们的视觉角度来看长得都是同一个模样。然而，当我们察看DNA序列时，它们显然是不同的物种。这次分割派赢了。相反，统合派认为，人类彼此之间的差异更大，但我们仍将其视为同一物种，这种情况与之类似，因而倾向于将大量的变异性整合到单一个物种中。可以看到这些不同的哲学思想如何影响着恐龙科学领域，因为多样性有可能被高估（分割派）或被低估（统合派）。因为即使是现生的物种也很难区分，而化石记录又如此贫乏，所以大多数当代古生物学家倾向于分割而不是统合。因此，尖角龙和独角龙很可能真的是不同的物种。

△ 20世纪初，巴纳姆·布朗在加拿大艾伯塔省收集标本。这张照片（和本书中的其他几张一样）是博物馆大量摄影档案中的一张手工上色的玻璃幻灯片。

▽ 这张骨盆图像显示的是肌腱化石，当动物还活着的时候，这些肌腱可以支撑着尾巴举在空中。

艾伯塔戟龙

晚白垩世
恐龙公园组
北美洲西部

　　说到颅骨装饰，角龙类恐龙一概包揽：头骨带有隆起的、长角的、有冠的、有头盾的、有凹陷的纹饰以及深凹槽的，各种都有。然而，真正与众不同的是戟龙（Styracosaurus）。它的名字，意思是"尖刺蜥蜴"，得名自布满其头部的一系列尖刺和角。这里面包括了一个巨大的像犀牛一样的鼻角，以及从头部侧面突出的尖刺，而最具特色的是，带有窗孔的头盾外缘也装缀着很大的尖刺。

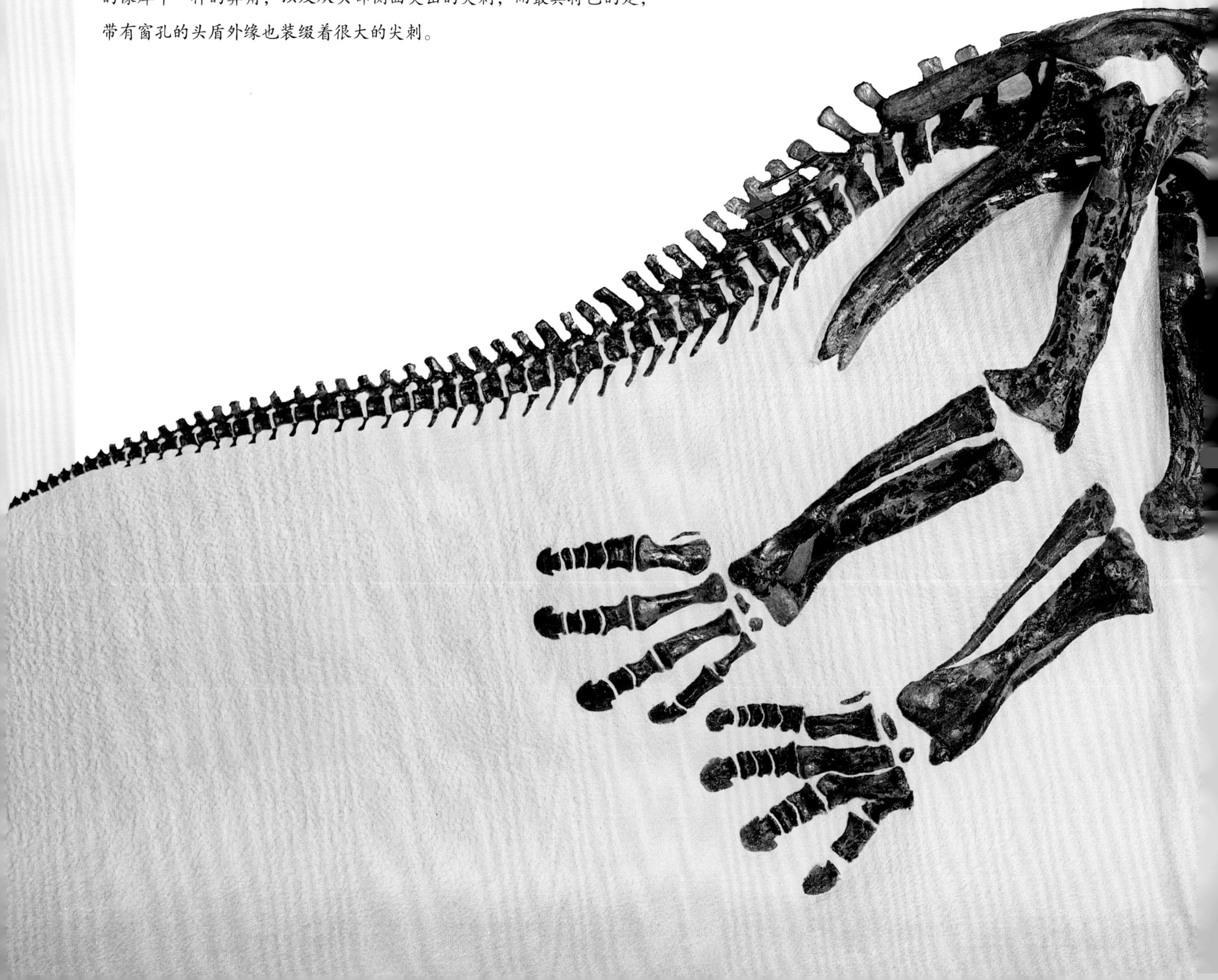

带有窗孔的头盾不是实心的，而是带有两个大洞或窗孔，这不同于三角龙的实心头盾。蔚为壮观的冠刺跟鼻角一样巨大。和其他角龙一样，戟龙是一种笨拙的四足动物。它的体形并不是特别大，但即便如此，也能达到5.5米的高度，重量超过3吨。戟龙被认为是一种群居动物，因为许多它们的骨床被发现，其中一些骨床里面有几十个个体。与几乎所有其他角龙类恐龙一样，戟龙的角和头盾的用途在专业领域和公众范围内都是一个令人感兴趣的话题。大众媒体和科学杂志都把这些动物描绘成装腔作势、展示威力、抵御捕食者等姿态，说它们会患上骨病、会相互争斗，还会通过头冠散掉热量，就像大象用耳朵散热一样。甚至有人提出了纯实用的推测，认为这些装饰是用来支撑其巨大的下巴肌肉的。

▽ 戟龙是一种外形奇特的生物。这个非凡的标本展现了它的风采。虽然它看起来非常可怕，但这些角和尖刺现在被认为是一种具有展示作用的特征。

◁ 从正面视角看头盾上的开孔（称为窗孔）非常明显。这说明了这具头骨是多么脆弱。

▷ 戟龙是最具装饰性的角龙类恐龙之一。在这个图里它有一个色彩鲜艳的脑袋。虽然我们没有直接的证据来证明，但是早已灭绝的恐龙带有鲜艳的色彩是可以预料的。

　　详细的分析似乎表明，这些角和装饰并不是很坚固。对骨头和头盾的损伤评估表明，这并不是由其他角龙类的冲撞所造成的。愈合的伤口很少见，这也说明它们是脆弱的防御盾牌。因此，专业人士一致认为，这种头盾主要是一种展示结构。

　　戟龙生活在一个非常多样化的生态系统中。它与许多植食性动物竞争，其中包括鸭嘴龙类，比如盔龙（Corythosaurus）（见第218页）和赖氏龙（Lambeosaurus）等，以及亲缘关系密切的角龙类，如开角龙（Chasmosaurus）和尖角龙（Centrosaurus）。这片地区常见的肉食性恐龙包括蛇发女怪龙和惧龙（Daspletosaurus）。在那个时期，北美的这片地区比现在暖和得多，有明显的雨季和旱季。因为这里靠近一条将北美大陆一分为二的海道，所以这里的气候比大陆内部的气候更具海洋性，冬季温暖，夏季凉爽。植物区系主要由松柏类和蕨类植物组成，此外也有少数被子植物。

　　如果我们仔细观察这些动物区系中的所有植食性动物，我们就能发现它们摄食器官的细微差别，比如颌骨的形状、牙齿的数量和结构等。就像今天，当在同一栖息地有许多相似的动物时，动物会利用这些特化结构来分割可用的资源。这就是所谓的生态位分化，它使大量多样化的相似动物同时占据一个区域成为可能。惧龙比蛇发女怪龙要重很多，这种体形大小的差异可能也反映在这两种特化的动物所利用的猎物种类和摄食策略上。

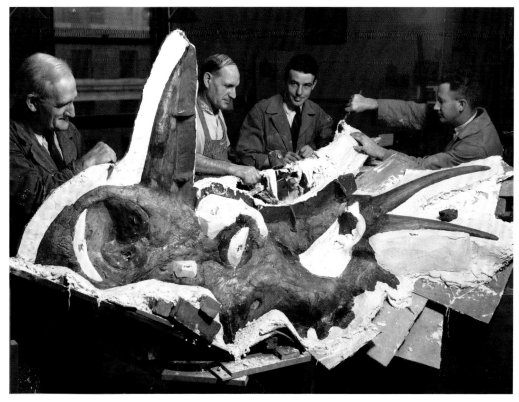

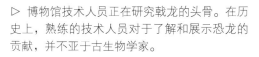

▷ 博物馆技术人员正在研究戟龙的头骨。在历史上，熟练的技术人员对于了解和展示恐龙的贡献，并不亚于古生物学家。

福氏棱齿龙

早白垩世

威尔德组

欧洲

棱齿龙（Hypsilophodon）是一种小型（约2米）植食性恐龙，仅在英国南部海岸外的怀特岛上发现。棱齿龙的名字与牙齿有关，其牙齿类似于绿鬣蜥的牙齿，绿鬣蜥以前就被称为"Hypsilophus"，意为"高冠状的牙齿"。

最早的那些标本并不十分完整，但它们在恐龙科学史上占有一席之地，因为它们是第一批被科学地发掘和研究的恐龙物种。

第一件化石是1849年被工人发现并分批出售的。一部分交给了吉迪恩·曼特尔（见第23页），另一部分交给了威廉·福克斯神父（Reverend William Fox）。这两部分现在都收藏在伦敦自然历史博物馆。这些早期的发现虽然不完整，但结合最近的发现，已经足以构建出一具完整的动物骨架。

如上所述，这种动物很小，是两足行走动物。它的齿列和锋利的高冠牙齿非常适合咀嚼坚硬的纤维植物。嘴的末端是一个尖尖的喙，可能覆盖着角蛋白，就像现代鸟类的喙。这有助于收集植物，然

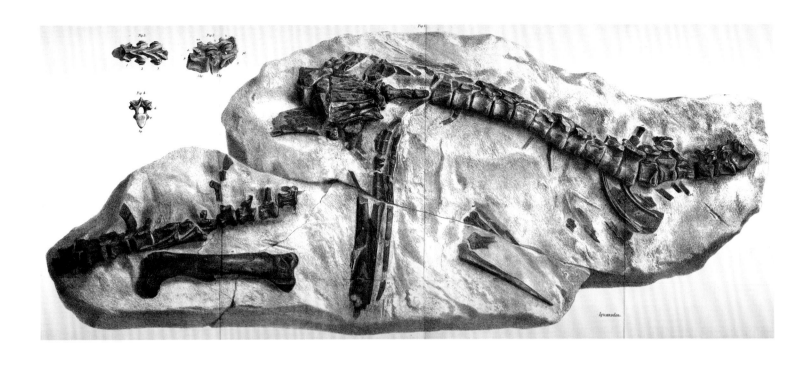

△ 棱齿龙化石在英格兰南部并不罕见。这是第一批被发现的化石中的一件，被称为"曼特尔－鲍尔班克大块头"。它是该分类群的模式标本。

◁ 棱齿龙是鸟脚类系的一种原始植食性动物。它以好几件标本作为代表，然而它们都只是部分完整。

后再由颊齿将其进一步加工。

第一批棱齿龙的标本在恐龙研究历史的早期就已被发现，回顾过去，人们对其生活方式的许多解释都是相当奇怪的，比如：把它描绘成四足步行动物；说它是一种脚上长着对趾、可以抓住树枝的树栖动物；甚至把它描绘成树袋鼠的模样。所有这些都被证实是错误的，现代观点认为，棱齿龙及其近亲是相对典型的两足行走的恐龙，许多小型恐龙亦是如此。

尽管棱齿龙的遗骸仅限于怀特岛，但"棱齿龙类"群体中的亲缘物种却更加广为人知。值得注意的是，"棱齿龙类"恐龙并不是一个被认可的群体（见第50页），它是一类"阶段"动物，位于鸟脚类恐龙的底部附近。除了非洲以外，几乎在全球都能发现这些"棱齿龙类"，其中一些因其地理位置而与众不同。雷利诺龙（Leaellynasaura）就是一个例子。它的遗骸在澳大利亚南海岸的早白垩世恐龙湾被发现。这是一个有趣的地区，因为在雷利诺龙生活的时期，这个地区很可能就在南极圈内。雷利诺龙是一种相当小的动物（1米），因此它不太可能长距离迁徙，即使气候比今天更温和（当时

没有极地冰盖），它仍然必须忍受数月非常低的光照和寒冷的温度。关于这一点，有人提出了一些解剖学证据，雷利诺龙的视叶（大脑中处理视觉信息的部分）和眼眶（颅骨中容纳眼睛的区域）似乎很大，这表明它们的视力很敏锐，能够适应较低的光照。其他人则对这个观点提出质疑，认为这是许多小型恐龙的典型特征，不足为奇。

　　另一种"棱齿龙类"是奇异龙（Thescelosaurus）。它是一种比雷利诺龙更大的动物，大型个体长度略超过4米，生活在晚白垩世的北美。像所有这类动物一样，它是一种两足植食性动物，外表相当平淡无奇。美国罗利市的北卡罗来纳州自然科学博物馆收藏了一个非常完整的标本，采集于20世纪90年代初，被冠以一个家喻户晓的名字"维罗"（Willo），胸部中央有一块巨大的结石。在准备工作和CT扫描完成之后，负责这个项目的科学家们提出了一个令人难以置信的说法：这块结石是维罗的心脏化石；它保存得非常完好，甚至可以观察到解剖结构的细节。基于此，他们接着提出了许多关于恐龙生理机能和种间关系的推测。这项结果发表时，引起了全世界新闻界的关注。但随后的几项研究表明，这块物体并不是一个石化的心脏，而只不过是维罗死后在它躯体内形成的一个巨大的团块。

◁ 棱齿龙类的雷利诺龙是生活在早白垩世时期现在澳大利亚南部的一种小型动物。

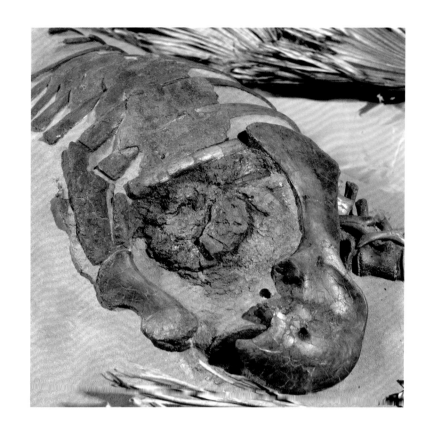

▷ 在这件奇异龙标本中，被肋骨和肩部骨骼包围的褐色块状物被认为是心脏化石。然而，后续的研究驳斥了这种说法。

▽ 在美国波兹曼的落基山脉博物馆展出的一件拼接起来的奇异龙标本。奇异龙是最大的也是最晚期的棱齿龙类的其中一种。

高棘亚盔龙

晚白垩世

马蹄铁峡谷组

北美洲西部

　　直到最近为止，恐龙宝宝和恐龙蛋的发现还是非常罕见的。在美国自然历史博物馆恐龙厅里，展出了许多恐龙宝宝，包括原角龙、鹦鹉嘴龙和亚盔龙。亚盔龙（Hypacrosaurus）是一种存在范围相当广的鸭嘴龙类。

　　像其他的赖氏龙类（Lambeosaurs）一样，亚盔龙的头上有一个巨大的中空的冠，成年个体平均大小约9米。虽然亚盔龙不是一种常见的恐龙，但已经收集到重要的蛋、胚胎和幼体标本。这些都告诉了我们很多亚盔龙生长过程中生理变化的信息，尤其是冠和口鼻的发育。对胚胎的研究也表明，亚盔龙有一段很长的孵化时间，孵出前大约留在卵里170天。在蒙大拿州北部的晚白垩世沉积层中也发现了这种恐龙的标本。

　　20世纪70年代，对恐龙幼体的研究真正呈现出现代风格。当地一家石头店老板向当时在普林斯顿大学工作的杰克·霍纳（Jack Horner）展示了一些小骨头，这些骨头是在蒙大拿州的乔托镇附近发现的，霍纳立刻认出它们是鸭嘴龙类幼体的遗骸。它们被命名为慈母龙（Maiasaura），意思是"好妈妈蜥蜴"。在获得土地所有者的许可之后，霍纳开始在现场进行挖掘。今天这个地区是狂风呼啸的大草原，夏天酷热，冬天严寒。然而，在慈母龙的时代，它更接近热带气候，栖息着兴旺繁盛的恐龙区系，以及其他的主龙类如鳄类和鸟类，还有蜥蜴、龟类和哺乳动物。

　　这是一处非常丰富的遗址，现在仍在采挖中，几乎每年都会发现新的物种和标本。这个地方曾被称为"蛋山"，因为在这里发现了很多恐龙蛋和巢。这些恐龙蛋和巢，不但标本保存得更好，还是其他鸭嘴龙类筑巢地的典型代表。

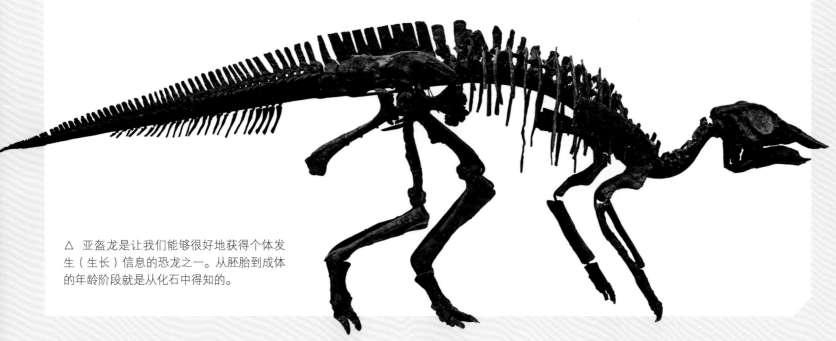

△ 亚盔龙是让我们能够很好地获得个体发生（生长）信息的恐龙之一。从胚胎到成体的年龄阶段就是从化石中得知的。

△ 对于亚盔龙和其他鸭嘴龙类的亲代抚育行为，人们做出了很多推测。要确定这一点，还需要做更多的工作。

从蛋山的大量样本中，我们对慈母龙有了很多了解。通过对大量幼年恐龙遗骸的分析，可以得出结论，很大一部分（也许接近90%）在第一年就夭折了。在这段时间里，它们的体形也增加了两倍，接近0.5米，据称在8年内就能长到成年大小。当它们达到成年阶段，情况也不见得乐观多少，在这种动物完全长成后的几年里，死亡率就达到50%。在蛋山发现了大量的巢穴，许多科学家得出结论，这些动物会共同筑巢。巢穴本身是一个直径约1米的洞穴，可能是由母龙挖掘出来的，里面有30—40个蛋，每一个都有鸵鸟蛋大小——亚盔龙蛋的大小和形状都差不多。不同于高级兽脚类恐龙，比如葬火龙（Citipati）（见第96页），分析结果并不认为它们会孵自己的蛋。取而代之的是，它们可能会用植物覆盖这些蛋，植物腐烂的过程会为正在发育中的卵提供热量。这正是今天的短吻鳄所使用的策略。

有人认为，正因为如此高比例的骨骼没有完全共同骨化（在慈母龙和亚盔龙中都是这样），许多恐龙宝宝非常脆弱，以至于在孵化后很长一段时间内都不能行走。这可能意味着成年恐龙必须把食物带回窝里喂给幼体，幼体才能生存，因为它们不能自己觅食。这种观点未被普遍接受，因为今天许多刚出生的动物不具有完全骨化的骨头，但仍然能够很好地行走。

连接埃德蒙顿龙

晚白垩世

地狱溪组

北美

　　埃德蒙顿龙（Edmontosaurus）是白垩纪末期在现在北美洲西部平原地区最常见的恐龙之一。埃德蒙顿龙是一种大型植食性动物，属于鸭嘴龙类，因为它们吻部末端的形状像鸭子伸长的喙。这个喙也许像今天的龟类或者鸟类的喙部那样，至少有一部分会被角蛋白所覆盖。

　　虽然已知的埃德蒙顿龙标本有数百件之多，但只有少数是成体。大多数恐龙都是这种情况：大量恐龙在死去的时候还处在生长阶段，这表明成年之前的死亡率非常高。在美国自然历史博物馆展出的埃德蒙顿龙标本是一只非常大的鸭嘴龙类，装架成直立姿势，但实际上这种姿势是错误的。这件标本是有史以来最早装架的鸭嘴龙类之一。然而，若恐龙生前保持这种直立姿势，尾椎骨将会严重脱节，从解剖学角度看，这是没有可能的。我们现在知道鸭嘴龙类（或至少大部分）在生活中主要是四足行走，尾巴与地面平行，与身体处于同一水平。头从身体上抬起，由弯曲的脖子支撑。

　　这些动物头骨的大部分改进都直接与摄食有关。埃德蒙顿龙和它的一些亲缘物种有数量庞大的牙齿——数百颗之多。它们紧密排列成排，形成宽阔平坦的咀嚼面，非常适合通过口腔加工大量的高质量食物以便进行消化。这与蜥脚类恐龙的食物加工过程完全相反，在蜥脚类中，植物物质被成批加工并且很可能在肠道中进行发酵。

　　有恐龙化石存在才会有恐龙化石可看。世界上最壮观的化石之一正是在这个博物馆收藏并展出的，它是一件埃德蒙顿龙的标本。这件特别的标本是由斯特恩伯格家族（Sternbergs）采集的，这个美国—加拿大化石猎人家族将古生物学转变成为了商业交易。19世纪70年代末，这个家族的族长查尔斯·H. 斯特恩伯格（Charles H. Sternberg）的工作可与传奇古生物学家柯普比肩。斯特恩伯格在堪萨斯州立大学开始学术研究，但他从未被大学录取，因为他真正的爱好是收集化石而不是描述化石。斯特恩伯格的遗产在他的儿子们的参与下得以延续，其中一个儿子后来成了一位重要组织者，其组织后来发展成为加拿大艾伯塔省的省级恐龙公园，该公园现在是联合国教科文组织的世界遗产。与来自博物馆和大学的学术古生物学家相竞争的过程中，斯特恩伯格家族收集了许多重要的标本，其中好几件仍然在世界各地的博物馆里展出。

　　埃德蒙顿龙标本常被称为"恐龙木乃伊"。它是在美国怀俄明州东部的卢斯克附近采集的。当斯特恩伯格发现它的时候，他很清楚地知道它有多么特别，甚至提起过他当时太兴奋了，以至于在发现标本的那天晚上他都无法入睡。这不是

▷ 埃德蒙顿龙是一种白垩世晚期产于北美洲西部的恐龙。在它的时代，它可能是其所处环境中最常见的大型植食性动物。

△ 查尔斯·R.耐特的鸭嘴龙类复原图。这幅早期的复原图让嘴巴看起来比我们今天所认为的更像鸭子。

▽ 查尔斯·H.斯特恩伯格和他的儿子们在挖掘"木乃伊化"的埃德蒙顿龙。这件标本将成为博物馆恐龙收藏中最珍贵的标本之一。

一件真正的木乃伊，没有经过人为的防腐和干燥的过程。这件标本是因处在极度干旱的环境中而变得完全干燥的。

类似的情况仍在发生，在今天的沙漠和半沙漠地区，可以见到牛、骆驼、斑马和大象，它们看起来像是干瘪的皮囊，坚硬的皮革包裹着骨头。即使是一只死掉的老鼠，在碗橱里或火炉下被发现也会出现这种情形。埃德蒙顿龙的情况正是如此，只是它在干掉之后被埋在了柔软的沉积层中。保存下来的"皮肤"是一种印迹，而不是皮肤本身。它显示出一种结节或隆起的图案，有大的和小的两种类型。大的结节成簇排列，周围是有小结节的衬质。皮肤上也出现皱纹，就像犀牛或大象腿上松弛的皮肤。这表明皮肤是有弹性和延展性的，能够适应大范围的运动。前脚显示前爪有蹄状结构，与这些动物已知的足迹一致。这些蹄子可能像今天的马蹄那样带有角质。这件标本是博物馆收藏之冠上一颗闪耀的明珠，每次参观都让人眼前一亮。

△ 鸭嘴龙的牙齿是由几十颗牙齿紧密排列在一起组成的排牙。这种排牙形成咀嚼面，磨损后由下面长出新的牙齿来补充。

▽ 埃德蒙顿龙木乃伊。它的皮肤保存得非常好，可以很容易地观察到前脚上一个个的结节和蹄状垫。

提氏腱龙

早白垩世晚期

三叶草组和其他地层

北美洲西部

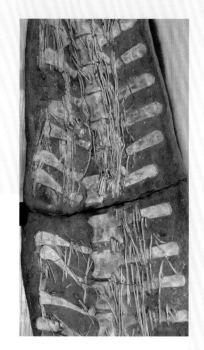

腱龙（Tenontosaurus）是一种原始但有趣的鸟脚类恐龙，产于北美洲西部。它被认为是其环境中主要的植食性动物之一，因为在发现它的沉积层中，它是最常见的脊椎动物化石。

▷ 通常大多数鸟脚类恐龙的尾巴和背部椎骨都没有保存下来，这些骨头非常脆弱，但它们的尾巴和脊椎骨是由交织的肌腱支撑的。这使得尾巴可以举在空中，呈悬臂式并且与地面平行。

腱龙生活在约1.1亿年前的白垩纪中期，大部分的标本来自美国蒙大拿州和怀俄明州，少数采集于邻近地区，例如其中一个就来自东海岸的马里兰州。腱龙是一种中等大小的恐龙，身长可达8米，形态非常保守。

与本书中所涵盖的许多恐龙一样，第一批腱龙的标本是由巴纳姆·布朗收集的。他在1903年发现了第一件标本，在20世纪30年代又挖掘出了另外几件标本，他非正式地给这种动物取名为"Tenatosaurus"，大致可以翻译为"肌腱蜥蜴"（Sinew Lizard）。由于他的职业压力、全球经济萧条以及第二次世界大战造成的影响，他从未正式发表过他的研究，后来这项研究由耶鲁大学的约翰·奥斯特罗姆（John Ostrom）接手，他在自然历史博物馆以研究生身份进行研究。1970年，他给这件标本起了一个正式的名字"Tenontosaurus"，也就是腱龙。令人费解的是，他从未提及布朗对这项研究的贡献。

▽ 在一些实例中，发现腱龙的骨头与食肉恐龙恐爪龙脱落的牙齿有关联。这导致了一种猜测，即恐爪龙会成群结队地捕猎这种动物。

布朗最初提到"肌腱蜥蜴"这个名字是指那些复杂的叠瓦状肌腱系统，在尾部和躯干椎骨顶部交织，就像编织篮子一样。这是有力的证据，证明这些动物的脊柱非常硬挺，它们不像鳄鱼那样把尾巴拖在地上，而是将尾巴举在身体后面，与地面平行。尾巴可能有一定程度的侧向柔韧性，但背向则没有多少灵活性。这种韧带桁架系统产生的刚度类似于悬索桥或悬臂式建筑。这尾巴和其他恐龙一样，为躯干提供了一个沉重的平衡力；它也许有助于两足行走，至少能够防止动物在走动时向前栽倒。

有好些保存得极好的腱龙标本。其中的一些似乎表明，这些动物会被驰龙类的恐爪龙所捕食（见第106页）。这一证据来自在几个独立地点发现的恐爪龙遗骸与腱龙遗骸的关联。几位古生物学家认为，一只成年的恐爪龙不太可能独立地捕食一只成年的腱龙，于是进一步提出，这个证据证明了恐爪龙是群体捕食的。在如今的世界里，成年狮子如果非常饥饿，偶尔也会猎杀非洲象，但几乎总是成群出动。也有观点认为，恐爪龙更喜欢猎杀幼年的腱龙，而不是大型的成体，在这些事件中，恐爪龙有可能在疯狂的进食中互相残杀。所有这些都是基于恐爪龙和腱龙的骨骼经常在同一地点出现而得出，所以充其量只是推测。

与腱龙相关的动植物区系非常有趣，因为它是过渡型的。在其历史的早期，那时气候被认为是温暖而干燥的，在几百万年后逐渐转变为温暖而湿润。相关联的动物区系衰落，要么是因为多样性不够高，要么是因为这些地层的化石记录极为贫乏。例如，尽管存在一些相当大的蜥脚类动物，但很少有证据能表明存在某种比恐爪龙更大的肉食性动物，这是不寻常的。从其环境和古生态两个角度来看，关于腱龙的很多情况还有待了解。

▽ 在博物馆恐龙厅展出的一具腱龙骨架。它是以一种过时的姿势装架的。现代的姿势会让尾巴从身体向后直地伸出。

奥氏栉龙

晚白垩世

马蹄铁峡谷组

北美洲西部

与盔龙（见第218页）不同，栉龙（Saurolophus）是鸭嘴龙类的一种，属于栉龙类（Saurolophine）。和埃德蒙顿龙一样，栉龙的头上有一个实心的冠，而不是像赖氏龙类恐龙，比如盔龙和赖氏龙那样，冠是中空的。栉龙是一种大型恐龙，与亚盔龙和埃德蒙顿龙生活在相同的时代。

△ 栉龙是一种不同寻常的恐龙，因为它在白垩世晚期的北美和中亚都有发现。

奥氏栉龙最初是在加拿大艾伯塔省的马蹄铁峡谷组地层中发现的。它相当巨大，大约10米长。与其他鸭嘴龙类一样，成年时它主要靠四足行走，幼体可能在一部分情况下两足行走。

在蒙古发现了第二个物种，窄吻栉龙（Saurolophus angustirostris）。它比北美种稍大一些，头骨比奥氏栉龙长20%。位于蒙古纳摩盖吐盆地，有一个地方被生动地称为"恐龙墓地"（Tomb of the Dragons），在那里，俄罗斯古生物学家发现了窄吻栉龙的多个标本。20世纪30年代初，由于政治不稳定和冲突，美国自然历史博物馆的古生物学家终止了在蒙古的研究，在此之后，戈壁沙漠这片富饶的化石产地就休耕了，直到苏联古生物学家开始在该地区工作。他们的装备比早期的博物馆探险队要好得多，这使得他们可以进入到沙漠中比美国人远得多的地域探险。在他们的许多发现之中，就包括了蕴藏有丰富的晚白垩世恐龙的纳摩盖吐盆地岩层。除了栉龙外，这些岩层还产出了许多白垩世晚期恐龙的令人惊叹的标本，其中包括特暴龙（霸王龙的近源物种）、似鸟龙类（比如似鸡龙）、几种甲龙类以及肿头龙类。这些岩床现在仍在积极采挖中。

与大多数鸭嘴龙类一样，栉龙的头上带有一圈装饰。这里也有关于这些装饰的功能方面的类似争论，就像

▷ 博物馆的栉龙标本是收藏品中的珍品之一，保存得几乎完好。

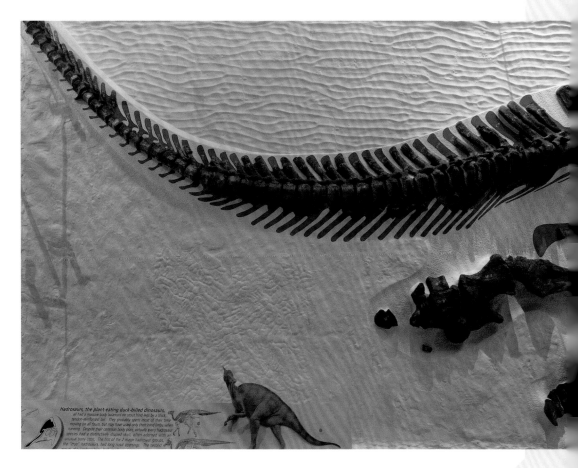

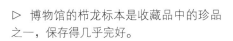

其他鸭嘴龙类那样。有人认为，这个冠是用来产生声响的，它本身并不像赖氏龙类那样是中空的，但其底部有一个浅浅的凹陷。虽然目前还没有确定的方法来搞清楚这些冠的功能，不过人们普遍认为它们是用于展示或者物种识别。

栉龙是在两个大陆都有发现的为数不多的恐龙类群之一。这并不奇怪，因为在这种动物生活的时期，亚洲这一地区和北美洲西部的动物区系和气候非常相似，而且在北美和西伯利亚之间存在着一条断断续续的陆桥，允许动物区系的互换。由于栉龙与北美鸭嘴龙类的关系最为密切，人们认为它是通过这座陆桥迁徙的——就像今天这样，阿拉斯加和西伯利亚在晚白垩世也处于同样的纬度，但气候要暖

△ 巴纳姆·布朗在加拿大艾伯塔省，正在发掘博物馆的栉龙标本。

和得多，可以养育丰富的恐龙和哺乳动物区系。很难确定这些动物在冬季如何应付接近黑暗的环境，有些人认为它们迁徙到更南的地区过冬，然而，这里也有非常小的动物，它们不太可能实现长距离的季节性迁徙。

鹤鸵盔龙

晚白垩世
恐龙公园组
加拿大艾伯塔省

正如这个物种名称所暗示，可以观察到这种恐龙有一个精致的空心头冠，很明显与现存的鹤鸵非常相似。存在两个高级鸭嘴龙类的类群：鸭嘴龙类和赖氏龙类。

后者的特点是精致的头冠。与这里的其他章节一样，对这一精细解剖结构的功能已经做了很多阐述，但在科学框架内，几乎没有什么是实际上可以检验的。

盔龙（Corythosaurus）的冠到底是做何种用途还很难确定。即使对于鹤鸵来说，冠的功能和它所承受的进化压力也是存在疑问的。有推测认为这是一种展示特征，被用于物种识别、产生低频声音，又或者用于刨开茂密的植被。

盔龙顶着头盔的脑袋令人印象深刻。它带有一个巨大的中空的骨冠，使人联想到古希腊时代的科林斯式战盔，这正是这个类群名称的由来。有一个因素可以表明，这种顶冠是用于展示的，它是在动物成长到大约一半大小的时候才开始发育的——这是今天哺乳动物的许多第二性征的典型特征，比如角。也有人提出其他一些建议，尽管这些建议都很难检验。一种令人信服并且流行的理论认为，空心顶冠可以作为声音放大器，通过低频声音进行交流。这些恐龙耳部的复杂性也许为此提供了佐证。与大多数其他恐龙相比，我们拥有非常完整的盔龙头骨样本，这有助于阐释这一点。至少，研究结果已经表明，盔龙的耳朵很可能具有高度的敏感性。

盔龙的标本发现于加拿大艾伯塔省现在的恐龙公园红鹿河沿岸的晚白垩世沉积层中，最早于1911年由巴纳姆·布朗发掘采得。这种动物的长度略超过8米，可能主要靠四足行走。包含松柏类成分的胃内容物已经被发现。在博物馆展出的模式标本保存的几块皮肤显示，盔龙皮肤表面（至少在这些区域）覆盖着小小的多边形鳞片。这个标本还显示了一个无论在已灭绝的还是现存的恐龙中都极为普遍的特征：几乎所有的恐龙都有相当长的、非

▷ 许多头上长着巨冠的爬行动物，比如盔龙，都展现出绚丽的色彩。这幅复原图将这个概念延伸到了这几只恐龙身上。

▽ 这只盔龙的标本保存得如此完好，以至于身上仍留有大量皮肤印迹。

常灵活的颈部至少与哺乳动物、鳄鱼、蜥蜴和龟类的颈部相比是如此。当一只长颈动物死亡时，托住头部使其保持向下（以便让眼睛向前或向地面注视）的颈部肌肉会松弛，然后头部会被强有力的、干燥的肌腱向后拉扯。这被称为一种死亡姿势，是许多著名恐龙标本被发现时的体位。在沿海地区偶尔能够碰见死鸟，在它们身上，你可以观察到相同的姿势：在大多数情况下，其头部会像许多非鸟类恐龙化石那样，从脖子上方向后弯折。

人类冲突导致的破坏，也对我们获取盔龙的知识造成了极大的冲击。有史以来采集到的最好的两件标本，是由著名的私人化石收藏家查尔斯·H.斯特恩伯格发掘的，来自巴纳姆·布朗收集博物馆标本的同一岩床。斯特恩伯格在1912年发现了这些化石，当时布朗和斯特恩伯格在加拿大这个地区参与了争夺恐龙骸骨的活动——这项活动通常是友好的，但并不总是。斯特恩伯格安排不列颠自然历史博物馆（当时就是这个名称）购买这些发掘产物。1916年，这些标本被打包送给地质管理员亚瑟·史密斯·伍德沃德（Arthur Smith Woodward），装载到圣殿山号船上驶往伦敦。（值得一提的是，圣殿山号是1912年协助营救泰坦尼克号乘客的船只之一。）不幸的是，圣殿山号在前往伦敦的途中被一艘德国潜艇击沉，导致4名商船海员丧生以及珍贵的恐龙货物丢失。

◁ 盔龙的冠是中空的，这使一些人猜测它可能是一个产生声音的共鸣室。

▽ 盔龙布满圆粒状突起的皮肤纹理。在它活着的时候，就如可见的头盾所显示的那样，皮肤是柔软而且具有韧性的。

鸟类与恐龙

　　贯穿这本书的一条主线是现生鸟类是恐龙的一种类型。如果这本书是在25年前写成的，这将是一个有争议的声明，哪怕这个想法在100多年前就已经被首次提出。在此期间，各种新的证据都被收集拼接起来支持着这一观点，以至于这个理论现在几乎得到普遍的接受。

　　支持这种相互关系的特征最早源于托马斯·赫胥黎的观察，即始祖鸟与非鸟类恐龙有许多共同的特征。赫胥黎的思想在20世纪60年代复兴，这主要归功于耶鲁大学的古生物学家约翰·奥斯特罗姆。他和前几代古生物学家一样，对始祖鸟进行了深入研究。但除此之外，他还发掘了更多驰龙类的恐爪龙标本，其中包括相当数量的头骨材料。他对这些发现进行分析，指出高级的兽脚类恐龙（例如恐爪龙）与原始鸟类有着更多的共同点。他甚至提出，如果始祖鸟被发现时没有羽毛，它将被视为非鸟恐龙而不是鸟类。在许多生物学家和古生物学家看来，鸟类几乎是专门为动力飞行而生的，它们的绝大多数特征都被认为是为了适应这一目的。中空的骨骼并且缺少牙齿减轻了体重，羽毛提供了一个气动力翼面，而高度进化的肺促进了维持飞行所需的高代谢。

　　在系统生物学和古生物学领域，20世纪70年代是一个激动人心的时期。科学家们，其中包括美国自然历史博物馆的很多人，发展出了一种新的方法，称为分支系统学分析（cladistic analysis）。过去，谱系学研究基本上是一种主观的事情，谱系树只是根据研究者的经验和喜好绘制。分支系统学分析使系统发育学的判断方式转变成对实证的探求，并提供了一种将系列特征连接成为矩阵的方法。然后使

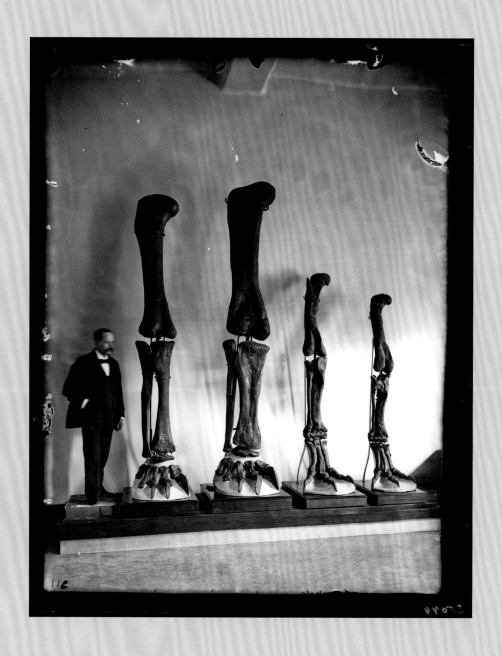

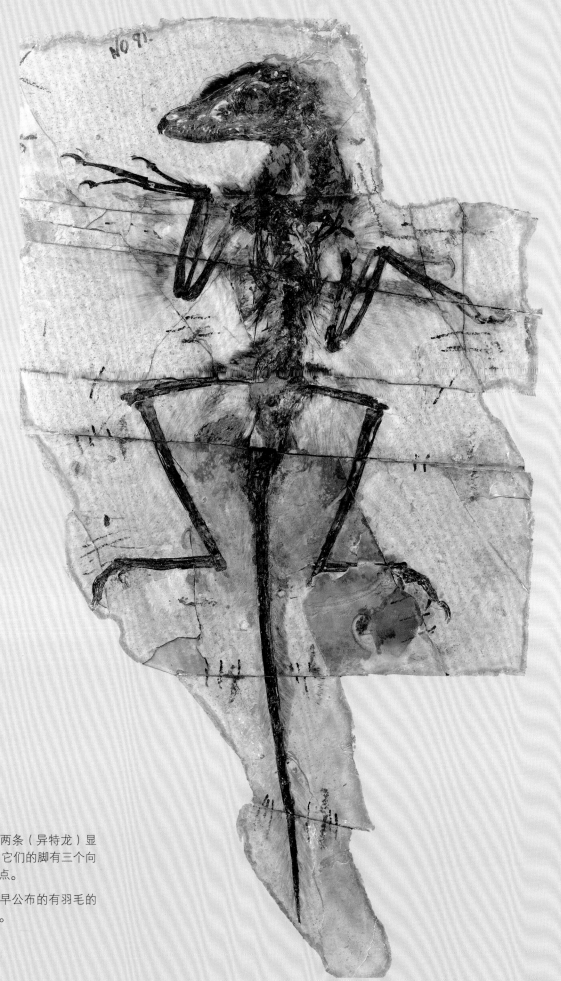

◁ 在这四条恐龙腿中，右边的两条（异特龙）显然与鸟类的亲缘关系更为密切，它们的脚有三个向前的脚趾，很清楚地表明了这一点。

△ 中国鸟龙标本"戴夫"是最早公布的有羽毛的恐龙之一，它受到了全球的关注。

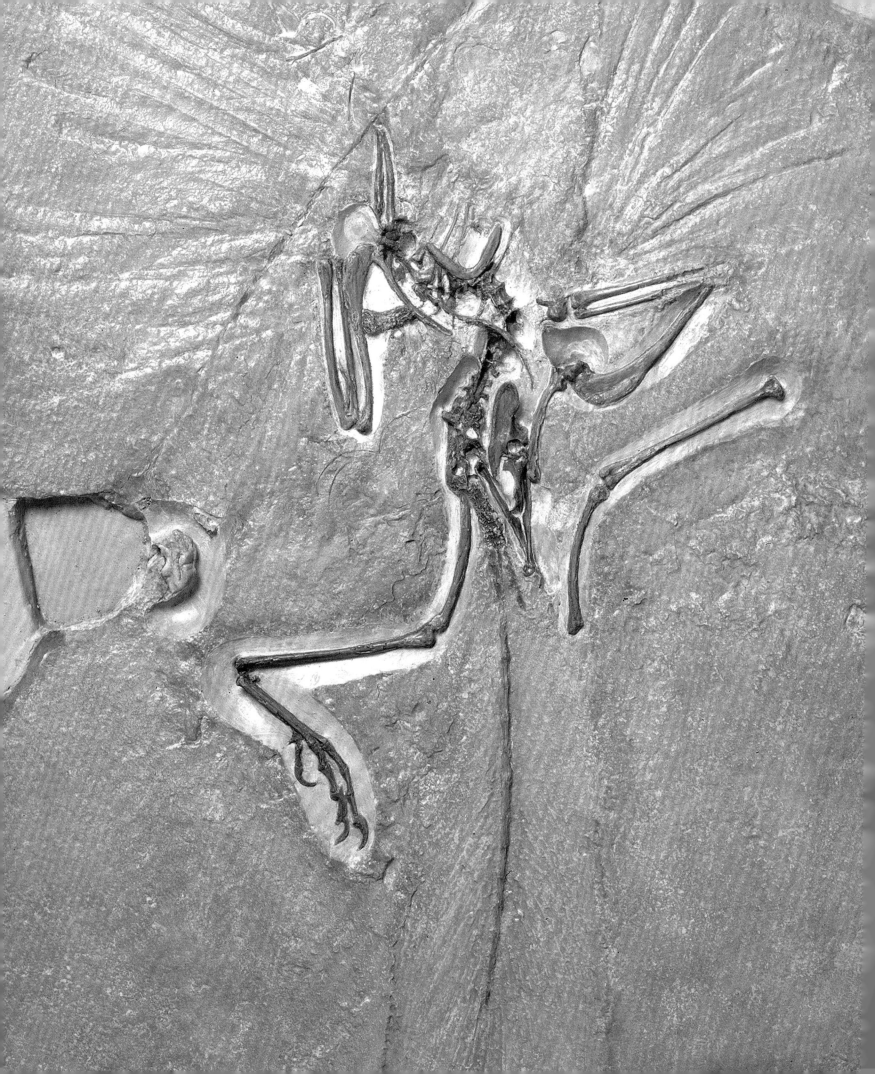

◁ 始祖鸟伦敦标本。这个标本引起了赫胥黎对兽脚类恐龙和鸟类之间亲缘关系的研究兴趣。

▽ 在戈壁沙漠采集的一种伶盗龙标本。叉骨被清晰地保存下来，在图的中间部位可见V形的骨骼组成部分。

用特定的计算机程序对这个矩阵进行分析，这些程序会计算出解释矩阵中出现的特征发生变化所需要的最少进化步骤数。

　　第一位将这理论应用于鸟类起源问题的人是雅克·高蒂尔（Jacques Gauthier），那时他还在加州大学伯克利分校读研究生。他分析了各种特征，发现始祖鸟和其他鸟类有着共同的祖先，这个祖先比任何非鸟类恐龙出现得更晚。这个亲缘关系遵从了非常传统的思维，几乎从第一只始祖鸟被发现的那一天起就已经为人所知。他把这一类群称为鸟翼类（Avialae）。他的研究结果还表明，与鸟翼类亲缘关系最近的是一个被他称为恐爪龙类（见第108页）的类群，其中包括驰龙类（如恐爪龙和伶盗龙）和伤齿龙类（蜥鸟龙和寐龙）。奥斯特罗姆是对的：恐爪龙不仅与鸟类相似，它还是这一类群中与非鸟恐龙亲缘关系最近的物种之一。

　　确凿的证据在20世纪90年代开始出现，当时在蒙古和中国发现了令人惊叹的动物。许多来自中国的标本都显现出羽毛，鸟翼类恐龙和有羽毛的非鸟恐龙都在同一处沉积层中被发现。在蒙古，人们发现了与鸟类行为极端相似的恐龙，包括蹲在巢里孵蛋的恐龙。

多年以来，新的发现和新的分析方法不断出现，几乎所有被认为是鸟类进化而来的特征都回溯到了恐龙谱系树更早的起源。有一些特征，比如中空的骨骼、叉骨、高级的新陈代谢、羽毛和发达的大脑等，早在鸟类和动力飞行进化出来之前就已经是恐龙所具备的特征。这意味着，恐龙进化出所有这些适应性特征的原因是别的因素而不是飞行。这也对非鸟类恐龙的外观产生了戏剧性的影响。如果我们能让自己穿越回早白垩世中国东北部的森林，我想我们大多数人都会说："哇，看看那些模样古怪的鸟！"

△ 恐爪龙被装架成一个生动的猛扑姿势。

▷ 现代鸡形目鸟类的骨架。除了缺少牙齿以及长长的尾巴外，它们的骨骼与226页的恐爪龙非常相似。

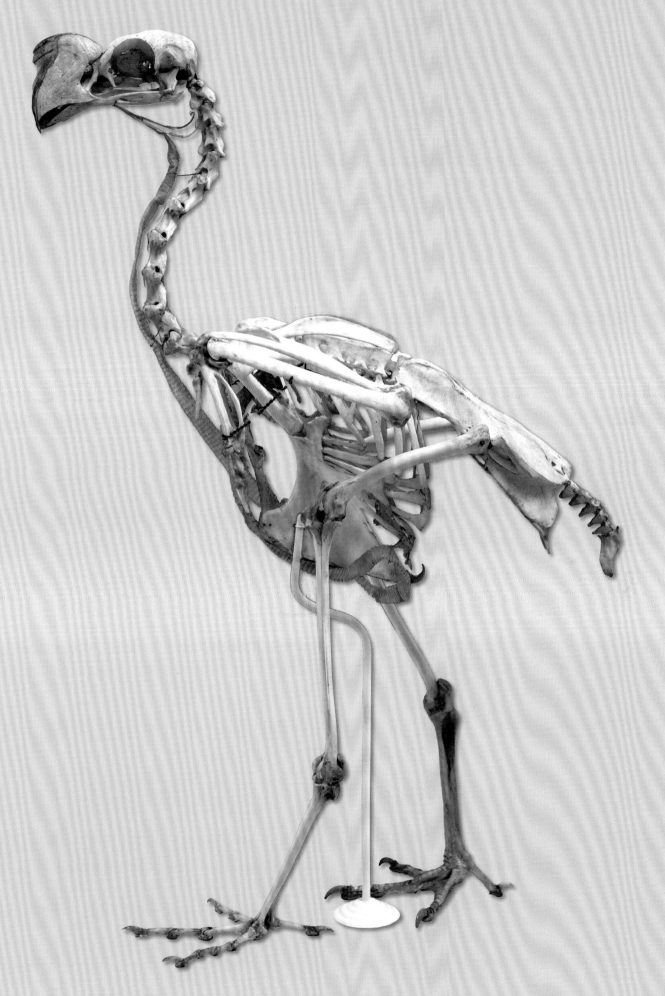

灭绝

恐龙为何会走向灭绝？这是古生物学家最常被问起的问题。这也是19世纪科学家开始正式研究这些动物时提出的首要问题之一。这是一个非常复杂的问题，包含着无数的可变因素。正如人们对如此复杂的事件所预期的那样，有多种解释被提了出来。

这些解释有些是可以理解的，比如来自哺乳动物的竞争加剧、大灾难或者气候的缓慢变化，而有些则愚蠢甚至荒谬——新的植物进化导致了极度便秘、太空外星人的过度捕猎、性欲不足，或者是虫灾吞噬了所有的植物，诸如此类。关于第二类解释这里不会去浪费时间，但由于这是一个非常困难的问题，前一类解释需要一些分析。

对恐龙为何会灭绝这个问题最简单的回答，就是它们并没有灭绝。正如我在整本书中反复申明的，并已在前一章中更深入地解释过，现生鸟类就是一种恐龙。我知道你在想什么——鸽子真的无法与霸王龙、三角龙和奇异龙相比，它们都是在晚白垩世灭绝事件中灭绝的。但这不是重点。像小盗龙、伶盗龙、蜥鸟龙和窃蛋龙这样的动物在大多数方面更像现代鸟类，而不像其他非鸟恐龙。它们有具备现代特征的羽毛，它们在巢中孵蛋，它们的蛋具有相同的超微结构，它们还有相似的大脑。

事实上，你很容易就能找到理由证明我们生活在恐龙时代。这是什么意思？今天地球上的陆生脊椎动物中有超过5000种哺乳动物、大约8000种非鸟类爬行动物和大约6000种两栖动物。有学者提出鸟类有18000种，超过了哺乳动物和非鸟类爬行动物的总和。恐龙不仅仍然活着，它们活得还非常好。一般情况下，当人们想到恐龙时，他们的意思并不是

▷ 白垩纪 – 古近纪大灾变之后的世界可能的样子。

▽ 大约6600万年前白垩纪末期小行星撞击尤卡坦半岛的演示效果。

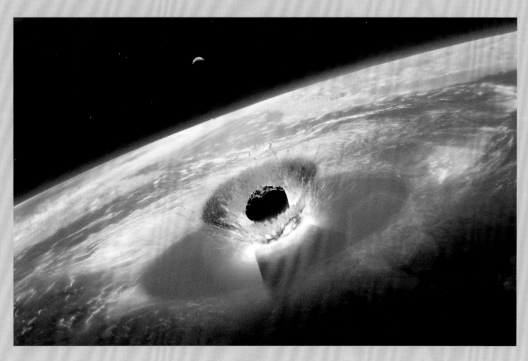

指鸟类——尽管他们应该这样去想。他们的意思是指那些被不恰当地称为"真正的恐龙"的生物。

很明显，在6600万年前白垩纪末期发生了一些事件，使这个星球上的生命发生了天翻地覆的变化。这次大灭绝事件在古生物史上很早就被注意到了，这次事件波及了所有的栖息地。它在海相岩层中表现得最明显，也被研究得最透彻。在这次灭绝事件中，许多重要的类群消失了。海洋动物如菊石类、厚壳蛤类，海生爬行动物如蛇颈龙类、沧龙类，以及许多微型动物，都在这个时期灭绝了。一些估计表明，多达75%的地球物种可能已经消失。这在规模上仅次于二叠纪—三叠纪的大灭绝事件，据认为90%以上的动植物物种在那次事件中走向灭亡。

这是地球历史上一个突如其来的事件。到底发生了什么情况？过去几十年的研究表明，显而易见一个巨大的外星天体曾与地球相撞。撞击地点就在墨西哥尤卡坦半岛附近，在那里，一个巨大陨石坑的遗迹在海底的地震剖面上仍然可见。这个撞击物的直径为10—15千米。这意味着当它撞击地球时，它的外缘接近对流层的上界。而当它猛烈地撞上了地球的

△ 这是地狱溪组地层的沉积层样本。箭头所指的灰色层是撞击留下的灰烬层。

▽ 一幅墨西哥尤卡坦半岛的图片。左上角的淡绿色曲线是撞击坑的地质遗迹。

▷ 非鸟恐龙并不是唯一在撞击后走向灭绝的动物。菊石（鹦鹉螺的亲缘物种）也在这个时期完全消失。

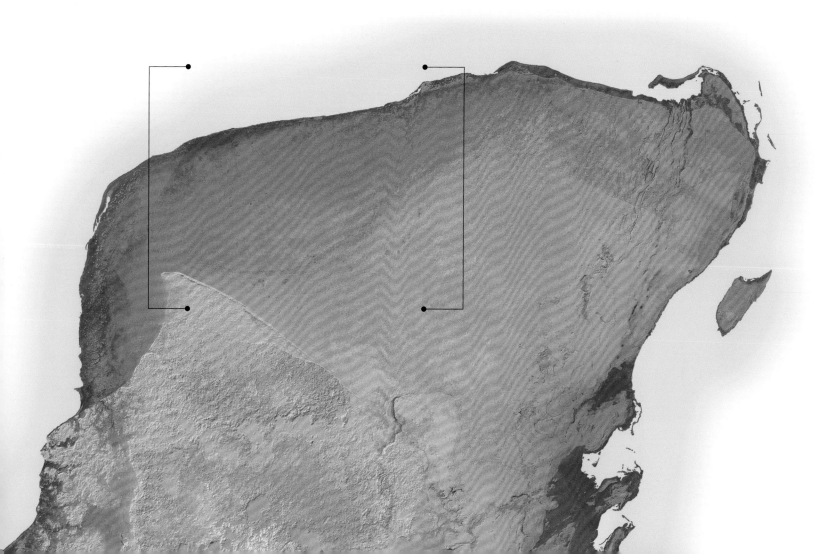

时候，它发生了汽化并产生了包含喷出物和碎片的尘埃羽流，散布到整个地球周围形成了一个尘埃层。事实上这正是该事件可以被调查清楚的缘由。

　　在意大利，有着历史悠久的黏土矿床，几千年来一直被用来制作砖和陶器。20世纪70年代末，一位知名物理学家参与了一个项目，对黏土进行地球化学指纹鉴定，以确定它是不是整个意大利半岛和邻近地区发现的文物原材料来源。在其中一个沉积层中，研究小组发现铱元素的浓度极高。铱是地球表面非常稀有的元素。它是行星内部、彗星和小行星的常见成分。由于这一层恰好处于中生代地层和更晚期地层之间的位置（正是生物大灭绝的时间点），它是否会与全世界范围如此多物种的消失有关联？对其他地点地层分界线的深入分析显示了更进一步的证据，这些证据包括一层铱浓度很高的灰烬层、冲击-碎裂石英（在巨大压力下变形的小块矿物）以及微玻璃陨石。微玻璃陨石是一种玻璃化小圆石，它是撞击喷出物的组成部分，当它们再次进入大气层时被熔化，并散布在全球各地。当然，这一切都指向了一个现在被公认的事实——一个巨大的外星天体在6600万年前与地球相撞，与此同时发生了大灭绝事件。

　　撞击事件的即时效应是存在争议的。当时释放出来的能量几乎无法估量——超过广岛原子弹的10多亿倍。毫无疑问，这是一场全球性的灾难。各种现象都被认为是撞击造成的直接影响。这些现象包括席卷全球的风暴性大火、核冬天、酸雨、强烈的红外辐射，还有大气层

▽　就在撞击的同时，大规模的火山活动也在发生，特别是在现在的印度地区。这次火山活动向大气中释放了数以百万吨计的温室气体和灰烬，并且形成了德干高原。非鸟类恐龙并不是唯一在撞击后走向灭绝的动物。菊石（鹦鹉螺的亲缘物种）也在这个时期完全消失。

△ 位于蒙大拿州东部和南达科他州西部的地狱溪组地层广阔的荒地是被研究得最多的陆地撞击系统。

的其他化学变化。

化石记录表明生命受到了非常严重的影响。在海洋中，大量的浮游生物死亡，一些地方的记录表明水体从丰饶多产变成了荒芜零落。在陆地上许多植物都被毁灭了，最先重整旗鼓的是蕨类植物。这一现象被恰当地称为"蕨类高峰"，这是一种全球性现象，该时期的蕨类植物孢子是最为常见的陆生植物遗骸。最大的陆生动物不足25千克，许多类群完全消失。除了鸟类以外的所有恐龙全都灭绝了。

但是碰撞事件能解释整个灭绝过程吗？恐怕不能。还有许多其他因素在起作用。印度次大陆（虽然当时不是亚洲的一部分）是地球历史上一些最强烈的火山爆发的中心。这些现象在其边界周围持续了超过一百万年，会对气候造成深远的影响。此外，气候也在变化，因为大陆之间宽阔的海道正在干涸，这条海道曾将北美中部和亚洲一分为二。这会造成一种效应，使内陆地区的气候更具有季节性。今天的海岸沿线或海岸线附近的城市就比大陆中部城市的气候更为温和。甚至有人认为，是几种因素的共同影响而不是单个因素的影响造成这一切。所有这些因素，都可能在尤卡坦大碰撞这个终极的"致命的一击"之前，就已经起到了促使恐龙消亡的作用。

要更好地弄清楚这一点，主要的障碍是缺乏很好的样本，特别是保存在陆地记录中的样本。世界上只有屈指可数的几个地方同时存在着恐龙化石和撞击层，因此，关于这次撞击事件的高潮时刻或是随即发生的情形，我们尚未全面了解。希望将来在世界某地能有后续发现。

图片来源

American Museum of Natural History

6 Photo Studio/D. Finnin/© AMNH, 9 Photo Studio/D. Finnin/© AMNH, 15 Photo Studio/D. Finnin/© AMNH, 16 Research Library/Image 17808, 17 Photo Studio/R. Mickens/© AMNH, 19 Research Library/Image 284863, 22-23 Photo Studio/D. Finnin/© AMNH, 25 Research Library/Image 275349, 30 Photo Studio/D. Finnin/© AMNH, 31 Department of Vertebrate Paleontology/Image CM1068, 34-35 © Mick Ellison, 36-37 Photo Studio/D. Finnin/© AMNH, 39 Photo Studio/D. Finnin/© AMNH, 40 Photo Studio/D. Finnin/© AMNH, 43 Photo Studio/D. Finnin/© AMNH, 44 Department of Vertebrate Paleontology/M. Ellison/© AMNH, 45 Department of Vertebrate Paleontology/D. Barta/© AMNH, 47 Photo Studio/D. Finnin/© AMNH, 49 Photo Studio/D. Finnin/© AMNH, 51 Department of Vertebrate Paleontology/M. Ellison/© AMNH, 52 (bottom) Department of Vertebrate Paleontology/M. Ellison/© AMNH, 56 Department of Vertebrate Paleontology Archives, 58 Department of Vertebrate Paleontology/M. Ellison/© AMNH, 59 (top) Department of Vertebrate Paleontology/M. Ellison/© AMNH, (bottom) Department of Vertebrate Paleontology/A. Turner/© AMNH, 66 (top) Photo Studio/D. Finnin/© AMNH, (bottom) Research Library/Image 202, 67 (top) Research Library/Image 35047, 69 Research Library/Image 128003, 70-71 Research Library/Image 7758, 71 (bottom) Research Library/Image 5418, 72 Research Library/Image 18171, 74 Research Library/Image 18172, 75 Department of Vertebrate Paleontology, 76-77 Photo Studio/D. Finnin/© AMNH, 78 (top) Research Library/Image 310100, (bottom) Photo Studio/D. Finnin/© AMNH, 84 (bottom) Department of Vertebrate Paleontology/M. Ellison/© AMNH, 88-89 Photo Studio/D. Finnin/© AMNH, 93 (right) Research Library/Image ls6_8, 95 (top) Department of Vertebrate Paleontology Archives, 96 (top) Department of Vertebrate Paleontology/M. Ellison/© AMNH, (bottom) Department of Vertebrate Paleontology/M. Ellison/© AMNH, 97 Department of Vertebrate Paleontology/M. Ellison/© AMNH, 101 Department of Vertebrate Paleontology/M. Ellison/© AMNH, 102 (bottom) Department of Vertebrate Paleontology/M. Ellison/© AMNH, 104 Department of Vertebrate Paleontology/M. Ellison/© AMNH, 105 (bottom) Research Library/Image 845, 106 Department of Vertebrate Paleontology/M. Ellison/© AMNH, 107 Department of Vertebrate Paleontology/M. Ellison/© AMNH, 109 (top) Department of Vertebrate Paleontology/M. Ellison/© AMNH (bottom) Department of Vertebrate Paleontology/M. Ellison/© AMNH, 111 Research Library/Image 6744, 115 Department of Vertebrate Paleontology/M. Ellison/© AMNH, 116 Department of Vertebrate Paleontology/M. Ellison/© AMNH, 119 (top) Department of Vertebrate Paleontology/M. Ellison/© AMNH, (bottom) Department of Vertebrate Paleontology/Courtesy of Norell Lab, 122-123 Department of Vertebrate Paleontology/M. Ellison/© AMNH, 124 Department of Vertebrate Paleontology/M. Ellison/© AMNH, 132 Department of Vertebrate Paleontology/Archives, 133 Research Library/Image 19790, 135 Photo Studio/D. Finnin/© AMNH,137 Department of Vertebrate Paleontology Archives, 138 Research Library/Image 2A6933, 143 (top) Photo Studio/D. Finnin/© AMNH, (bottom left) © Sauriermuseum Aathal, Aathal, Switzerland, and Urs Möckli, moeckliurs@bluewin.ch., (bottom right) © AMNH, 144 (left) Research Library/Image 45615, 145 Research Library/Image 17506, p146-147 Photo Studio/M. Shanley/© AMNH, 149 (left) Department of Vertebrate Paleontology Archives, (right) Department of Vertebrate Paleontology Archives, 151 Research Library/Image 5409, 154 Photo Studio/D. Finnin/© AMNH, 159 (top) Office of the Registrar, 160 (top) Research Library/Image 7722, 161 Photo Studio/D. Finnin/© AMNH, 164-165 Photo Studio/D. Finnin/© AMNH, 166 (bottom) Photo Studio/R. Mickens/© AMNH, 167 Photo Studio/R. Mickens/© AMNH, 170 Research Library/Image 5414, 174 Research Library/Image 19508, 175 Research Library/Image 314804, 176 Research Library/Image 19449, 178 (bottom) Research Library/Image 5413, 183 (top) Research Library/Image 5783, (bottom) Photo Studio/D. Finnin/© AMNH, 184-185 Research Library/Image 7769, 186 Photo Studio/C. Chesek/© AMNH, 190-191 Department of Vertebrate Paleontology/M. Ellison/© AMNH, 192 Research Library/Image 5382, 193 (top) Photo Studio/D. Finnin/© AMNH, (bottom) Department of Vertebrate Paleontology, 198-199 Research Library/Image 3147, 200 Photo Studio/D. Finnin/© AMNH, 201 (top) Research Library/Image 5415, (bottom) Photo Studio/D. Finnin/© AMNH, 202-203 Research Library/Image 324091, 204 Photo Studio/D. Finnin/© AMNH, 205 (bottom) Research Library/Image 315066, 206-207 Photo Studio/D. Finnin/© AMNH, 210 Photo Studio/D. Finnin/© AMNH, 212-213 Research Library/Image 3773, 214 (top) Research Library/Image 201, (bottom) Department of Vertebrate Paleontology Archives, 215 (top) Department of Vertebrate Paleontology Archives, (bottom) Research Library/Image 330491, 216-217 Photo Studio/M. Shanley/© AMNH, 218-219 Photo Studio/D. Finnin/© AMNH, 219 (top) Department of Vertebrate Paleontology Archives, 220 Research Library/Image 707, 222 Research Library/Image 35876, 223 Research Library/Image 7740, 224 Research Library/Image 35044, 225 Department of Vertebrate Paleontology/M. Ellison/© AMNH, 227 Department of Vertebrate Paleontology/M. Ellison/© AMNH, 228 Photo Studio/M. Stanley/©AMNH, 229 Photo Studio/D. Finnin/© AMNH, 232 (top) Photo Studio/D. Finnin/© AMNH, 240 Research Library/Image 5419.

Agencies

4-5 Getty Images/Eric Van Den Brulle, 10 (top) Granger/REX/Shutterstock, (bottom) Heritage Auctions, HA.com, 11 (top) ILM (Industrial Light & Magic)/Amblin/Universal/Kobal/REX/Shutterstock, (bottom) Travellight, 12-13 John Orris/The New York Times/Re/eyevine, 18 (left) Chronicle/Alamy (right) Private Collection, 21 (top) Sergey Krasovskiy/Stocktrek Images/Getty Images, (bottom) Sean Murtha/www.seanmurthaart.com, 24 (top) Art Collection 2/Alamy, (bottom) Paul D. Stewart/Science Photo Library, 26 (left) Science History Images/Alamy, (right) Natural History Museum/Alamy, 27 (top) Chronicle/Alamy, (bottom) Natural History Museum/Alamy, 28 Topfoto/The Granger Collection, 29 Galyna Andrushko/Shutterstock, 32 Blickwinkel/Alamy, 38 John Weinstein/Field Museum Library/Getty Images, 41 Bob Elsdale/Getty Images, 46 Manchester University, 50 VANDERLEI ALMEIDA/AFP/Getty Images, 54-55 © Louie Psihoyos, 57 Natural History Museum, London/Science Photo Library, 60-61 © PNSO, 62 Visuals Unlimited, Inc/David Cobb, 63 (top) Jose Antonio Penas/Science Photo Library, (bottom) Kevin Schafer/Getty Images, 64-65 Rob Stothard/Getty Images, 67 (bottom) Jim West/Alamy, 68-69 © PNSO, 71 (top) John Downes/Getty Images, 72-73 © PNSO, 79 Bryan Smith/ZUMA Wire/Alamy, 80 Funkmonk (Michael B.H.), 81 Eduard Sola, 82-83 © PNSO, 84 (top) Matthias Kabel, 85 (top) The History Collection/Alamy, (bottom) Bidar et al, 87 ©PNSO, 89 (top) Julius T Csotonyi/Science Photo Library, (bottom) © Mohammad Haghani, 90-91 ©PNSO, 92 Bettmann/Getty Images, 93 (left) Granger Historical Picture Archive/Getty Images, 94 Sabena Jane Blackbird/Alamy, 95 (bottom) Dirk Wiersma/Science Photo Library, 98-99 ©PNSO, 100 © Mick Ellison, 102 (top) Robert m. Sullivan phd, 103 Xavier Fores - Joana Roncero/Alamy, 105 (top) © PNSO, 108 © Mick Ellison, 110 Didier Descouens, 112 (bottom) Bob Bakker, 113 © Mick Ellison, 114 Jonathan Blair/Getty Images, 117 Stocktrek Images, Inc./Alamy, 118 Martin Shields/Alamy, 120 O.Louis Mazzatenta/Getty Images, 121. VPC Travel Photo /Alamy, 125. © Mick Ellison, 126-127 © PNSO, 128 (left) Millard H.Sharp/Science Photo Library, (right) Benoitb/Getty Images, 129 Matteis/Look at Sciences/Science Photo Library, 130. Sabena Jane Blackbird/Alamy, 131 John Sibbick/Science Photo Library, 134 DeAgostini/UIG/Science Photo Library,136 The Natural History Museum/Alamy Stock Photo, 137 (top) © PNSO, 138-139 (top) © PNSO, (bottom) Ira Block/Getty Images, 140-141 Dan Kitwood/Getty Images, 142 Stocktrek Images, Inc./Alamy Stock Photo, 144 (right) Leon Werdinger/Alamy, 148 Archive PL/Alamy, 150 Steve Pridgeon/Alamy, 152-153 © PNSO, 154 (top) © Jason Brougham, 155 © Mick Ellison, 156-157 Wang Ping/Xinhua/Alamy, 158-159 © PNSO, 160 (bottom) Zack Frank/Shutterstock, 162-163 David Reed/Alamy, 166 (top) © PNSO, 168-169 © PNSO, 170-171 Justin Tallis/AFP/Getty Images, 171 (top) Science History Images/Alamy, 172-173 National Geographic, 177 Willem van Valkenburg from Delft, Netherlands Euoplocephalus Tyrrell, 178 (top) Andy Crawford/Dorling Kindersley/Getty Images, 178-179 Leonello Calvetti/Getty Images, 180-181 © PNSO, 182 Oleksiy Maksymenko/Getty Images, 187 Gilmanshin/Getty Images, 188-189 Millard H.Sharp, 189 Private Collection, 194-195 Richard T. Nowitz/Getty Images, 197 Smithsonian Institute/Science Photo Library, 198 (top) The Natural History Museum/Alamy, 199 (top) Universal History Archive/UIG via Getty Images, 205 (top) © PNSO, 207 Jos Dinkel, 208-209 © PNSO, 209 (top) Jim Page/North Carolina Museum of Natural Sciences/Science Photo Library, 209 (bottom) Corbin17/Alamy, 211 © PNSO, 216 (top) DeAgostini/UIG/Science Photo Library, 218 Photograph by Amy Martiny Heritage College of Osteopathic Medicine, 221 De Agostini/UIG/Science Photo Library, 226 Natural History Museum/Alamy, 230 Getty Images, 230-231 Mark Garlick/Science Photo Library, 232 NASA, 234 Amy Paturkar, 235 Alan Majchrowicz/Getty Images

Illustrations on pages 20, 33, 42 by Geoff Borin/Carlton Publishing Group

Every effort has been made to acknowledge correctly and contact the source and/or copyright holder of each picture and Carlton Publishing Group apologises for any unintentional errors or omissions, which will be corrected in future editions of this book.

致谢

　　我衷心感谢我的同人们，包括仍在孜孜以求的和已经故去的恐龙古生物学家们，尤其要感谢我的学生们。他们在野外和实验室里的发现，使恐龙古生物学变得如此举足轻重又妙趣横生。感谢那些曾与我共享营火、在酒吧和旅馆相聚甚欢的人，你们，我的旅伴，是其中的重要成员。美国自然历史博物馆（AMNH）因其对科学、收藏、教育和展览的慷慨支持而得到认可。感谢麦考利家族对我多项工作的大力支持。米克·埃里森（脊椎动物古生物学部）和乔安娜·霍斯特（全球商业发展部）组织整理了本书的图片。古生物学部的工作人员、AMNH研究图书馆和AMNH摄影工作室的工作人员，特别是摄影工作室主任丹尼斯·芬宁，协助进行了标本和图片地点的确认。感谢AMNH的全球业务开发团队（由莎朗·斯图尔伯格领导），以及英国卡尔顿出版集团（Carlton books.UK）的编辑人员。没有他们，这本书就没有机会与读者见面；就算见面，也不会像现在这么棒。感谢丹尼尔·巴塔仔细阅读了本书文稿。感谢刘杰、徐星、高克勤以及啄木鸟科学小组的工作人员，尤其是杨杨、李青和赵闯，感谢他们给予我中国方面的支持。最后感谢茵嘉和薇薇安在撰书期间对我的包容。

图书在版编目（CIP）数据

美国自然历史博物馆终极恐龙大百科 /（美）马克·
A. 诺雷尔著；黎茵，李凤阳译 . -- 福州：海峡书局，
2021.6
　　书名原文：The World of Dinosaurs：The
Definitive Illustrated Collection
　　ISBN 978-7-5567-0824-6

　　Ⅰ . ①美… Ⅱ . ①马… ②黎… ③李… Ⅲ . ①恐龙—
普及读物 Ⅳ . ① Q915.864-49

中国版本图书馆 CIP 数据核字 (2021) 第 087883 号

The World of Dinosaurs: The Definitive Illustrated Collection

By DR MARK A. NORELL

Preface © American Museum of Natural History 2019

Text © Mark Norell 2019

Design © Andre Deutsch 2019

Simplified Chinese edition © 2021 United Sky (Beijing) New Media Co., Ltd.

All rights reserved.

图字：13-2021-035 号

出　版　人：林彬
责任编辑：廖飞琴　龙文涛
装帧设计：吾然设计工作室

美国自然历史博物馆终极恐龙大百科
MEIGUO ZIRAN LISHI BOWUGUAN ZHONGJI KONGLONG DABAIKE

作　　者：（美）马克·A. 诺雷尔
出版发行：海峡书局
地　　址：福州市白马中路 15 号海峡出版发行集团 2 楼
邮　　编：350001
印　　刷：河北彩和坊印刷有限公司
开　　本：889mm×1194mm，1/12
印　　张：20
字　　数：211 千字
版　　次：2021 年 6 月第 1 版
印　　次：2021 年 6 月第 1 次
书　　号：ISBN 978-7-5567-0824-6
定　　价：199.00 元

关注未读好书

未读 CLUB
会员服务平台